# Vorwort

Liebe Schülerinnen und Schüler, liebe Eltern,

Chemie kann spannend, herausfordernd – und vor allem auch erfolgreich sein! Seit der G8-Reform ist der Chemieunterricht zwar kompakter, doch die Anforderungen sind geblieben. Umso wichtiger
ist es, sich gezielt und praxisnah auf Klassenarbeiten vorzubereiten.

## Klassenarbeiten von Gymnasien in Baden-Württemberg

## Chemie 8

**Genau hier setzt dieses Buch an:** Die Aufgaben in diesem Band basieren auf echten Klassenarbeiten, die unsere Nachhilfeschüler im Durchblicker Lernstudio Arndt an Gymnasien in Baden-Württemberg geschrieben haben. Aus erster Hand wissen wir also, was tatsächlich geprüft wird – und können euch so die perfekte Vorbereitung bieten! Unsere erfahrenen Lehrkräfte haben die Aufgaben sorgfältig ausgewählt, überarbeitet und ergänzt, sodass ihr hier die authentischsten und aktuellsten Prüfungsformate findet.

Wer diese Klassenarbeiten konsequent durcharbeitet, verschafft sich einen echten Vorsprung: Ihr lernt nicht nur die verschiedenen Aufgabentypen und Schwierigkeitsgrade kennen, sondern gewinnt auch Sicherheit für die nächste Prüfung. Und das Beste: Wir passen die Aufgaben laufend an die aktuellen Anforderungen des Lehrplans an – so bleibt ihr immer auf dem neuesten Stand!

In diesem Buch findet ihr zu jeder der beiden Chemie-Klassenarbeiten in der 8. Klasse gleich drei Beispielklausuren – insgesamt also sechs komplette Übungsarbeiten. Sie spiegeln das Niveau und den Aufbau wider, wie sie an Gymnasien in Baden-Württemberg tatsächlich gestellt werden. Die Lösungen enthalten exklusive Insidertipps von erfahrenen Chemielehrern, die euch helfen, typische Stolperfallen zu umgehen und die Aufgaben souverän zu meistern.

Wir möchten euch Mut machen: Auch wenn die Chemie manchmal unberechenbar erscheint, gibt es klare Strukturen und wiederkehrende Aufgabenformate. Mit gezieltem Training könnt ihr diese meistern – und euch so die Angst vor der nächsten Chemiearbeit nehmen!
Unser Ziel ist es, eure Motivation und Kreativität beim Lösen von Aufgaben zu fördern und euch das nötige Selbstvertrauen für die nächste Klassenarbeit zu geben. Mit den ausführlichen Lösungen, Hintergrundinformationen und Schritt-für-Schritt-Erklärungen seid ihr bestens gerüstet.
Viel Erfolg und Freude beim Lernen!

Euer Mathe- und Chemietrainer Claus Arndt

**Claus Arndt** ***(Dipl.-Mathematiker),*** derzeit Leiter eines Lernstudios, arbeitete als Mathelehrer an einer Realschule und unterrichtet an einem Münchner Gymnasium die Oberstufe. Als Bildungstrainer und Mathe- / Chemieprofi erklärt er mit seinem pädagogischen Können den Lernstoff jeder Altersklasse sehr anschaulich und entwickelt
aus dem Stegreif eigene praxisbezogene „Test-Klassenarbeiten" zum Trainieren. Er weckt die Neugier der Schüler auf die Rätselwelt der Zahlen und stößt ihnen damit eine Tür zur Chemie auf. Zudem bringt er seine Erfahrungen aus der freien Wirtschaft mit ein.

www.durchblicker.org

Titelbild: Heinrich Schmid, Überlingen am Ried / Singen am Hohentwiel

Weitere Informationen wie Zusatzaufgaben und eventuelle Korrekturen finden Sie auf unserer Homepage www.durchblicker.org unter Baden-Württemberg Chemie 8. Der QR-Code führt Sie direkt zu dieser Seite unserer Homepage.

**ISBN: 978-3-943703-42-9**

9 783943 703429

$\Delta \infty \pi \surd \Sigma \approx \geq$

# Klassenarbeiten

## von Gymnasien in Baden-Württemberg

# Chemie 8

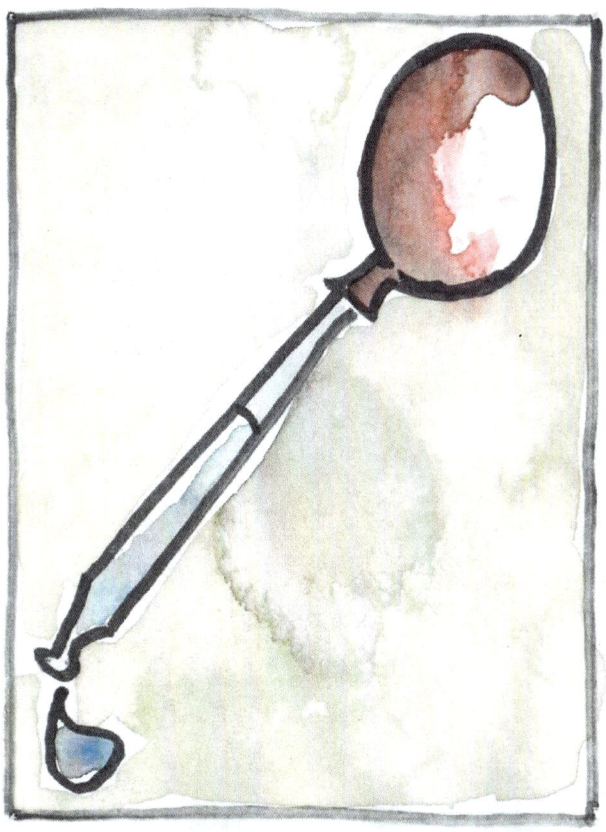

mit Lösungen

DURCHBLICKER
$a^2+b^2=c^2$
Lernstudio Arndt

## Klassenarbeiten von Gymnasien in Baden-Württemberg

Verfügbare Titel

- ☺ Mathematik für Klasse 5, 6, 7, 8, 9 und 10
- ☺ Physik für Klasse 8, 9 und 10
- ☺ Chemie für Klasse 8, 9 und 10
- ☺ Natur und Technik für Klasse 5 und 6
- ☺ Englisch für Klasse 5, 6, 7, 8, 9, 10 und 11/12
- ☺ Deutsch für Klasse 5, 6, 7 und 8
- ☺ Französisch für Klasse 6, 7, 8 und 9 (Version Découvertes und À plus)
- ☺ Latein für Lernjahr 1 und 2

## Klassenarbeiten von Realschulen in Baden-Württemberg

Verfügbare Titel

- ☺ Mathematik für Klasse 5 und 6
- ☺ Englisch für Klasse 5, 6, 7, 8, 9 und 10
- ☺ Deutsch für Klasse 5, 6, 7 und 8

## Klassenarbeiten von Grundschulen in Baden-Württemberg

Verfügbare Titel

- ☺ Mathematik 3 und 4
- ☺ Deutsch 3 und 4
- ☺ Sachunterricht 3/4 – Band 1 und Band 2

# Inhaltsangabe

Klassenarbeiten Chemie Klasse 8 in Baden-Württemberg
nach Bildungsplan 2016

## Vorabinformationen zu den Themengebieten der 1. Klassenarbeiten

### Klassenarbeit 1.1

Schwerpunkte **Stoffe, Teilchen, Eigenschaften & Mischen und Trennen**

- Aggregatzustände
- Löslichkeit, elektrische Leitfähigkeit
- Stoffgemische erkennen
- Aggregatzustände Teilchenmodell
- Trennverfahren durch Erhitzen
- Aggregatzustände und Teilchenmodell

### Klassenarbeit 1.2

Schwerpunkte **Stoffe, Teilchen, Eigenschaften & Mischen und Trennen**

- Aggregatzustände
- Löslichkeit
- Dichte
- Stoffgemische erkennen
- Trennverfahren

### Klassenarbeit 1.3

Schwerpunke **Trennverfahren und chemische Reaktionen**

- verschiedene Trennverfahren
- Destillation von Salzwasser
- Destillation von alkoholischen Getränken
- Chemische Reaktion

## Vorabinformationen zu den Themengebieten der 2. Klassenarbeiten

### Klassenarbeit 2.1

Schwerpunkte **Bestandteile der Luft und chemische Reaktionen**

- Das Mol
- Molares Volumen und Stoffklassen
- Atommasse
- Molares Volumen
- Gase
- Quantitative Rechnungen, Gasgesetz
- Formelsprache, Reaktionsgleichungen

### Klassenarbeit 2.2

Schwerpunkte **Verbrennung und Sauerstoff & chemische Reaktionen genauer betrachtet**

- Verbrennungen und Zerteungsgerade
- Energieumsatz bei chemischen Reaktionen, exotherme Reaktionen
- Luft und Gasnachweise
- Metalloxide Reaktionsschema
- Das Mol
- Vom Reaktionsschema zur Reaktionsgleichung

### Klassenarbeit 2.3

Schwerpunkte **Verbrennung und Sauerstoff & chemische Reaktionen genauer betrachtet**

- Das Verbrennungsdreieck und Brände löschen
- Energieumsatz bei chemischen Reaktionen, endotherme Reaktionen
- Reaktionsgleichungen
- Luft und Gasnachweise
- Das Mol
- Vom Reaktionsschema zur Reaktionsgleichung
- Wasserstoff und Katalyse

## Vorabinformationen zu den zu den Themengebieten der 1. Klassenarbeiten

### Stoffe, Teilchen, Eigenschaften

Dieses Themengebiet ist an vielen Schulen der Einstieg in den Chemieunterricht. Es werden grundlegende Eigenschaften von Stoffen, wie die Aggregatzustände: fest, flüssig, gasförmig und deren Übergänge behandelt. Mit dem Einstieg in das Teilchenmodell werden grundlegende Voraussetzungen für die Atomtheorie der nächsten Stufe geschaffen.
In dem Themengebiet werden noch ausschließlich beobachtbare und alltagsnahe Phänomene behandelt, um zu zeigen, dass Chemie als Naturwissenschaft Erklärungen für Fragen aus dem Alltag bereithält.

Die wichtigsten Erkenntnisse: Aggregatzustandsübergänge können durch Temperaturänderungen hervorgerufen werden, unterschiedliche Stoffklassen, haben unterschiedliche Eigenschaften, wie Dichte, Schmelz- und Siedetemperaturen, Löslichkeit, elektrische und Wärmeleitfähigkeit.
Metalle als Stoffklasse sind beispielsweise für ihre hohe Wärme und elektrische Leitfähigkeit bekannt und die meisten haben dazu noch eine hohe Dichte. Die Dichte beschreibt, wie viel ein bestimmtes Volumen eines Stoffes wiegt.

### Mischen und Trennen

Da die meisten Stoffe nicht hochrein vorkommen, müssen diese Stoffgemische aufgetrennt werden, um einen bestimmten Stoff isolieren zu können. Diese Trennverfahren nutzen unterschiedliche Eigenschaften der Reinstoffe im Gemisch aus.

Bei Stoffgemischen wird zwischen homogenen und heterogenen Stoffgemischen unterschieden. Bei den homogenen Stoffgemischen, wie einem Gemisch aus Zucker und Wasser, sind die einzelnen Bestandteile Zucker und Wasser optisch unmöglich zu unterscheiden, bei einem heterogenem Stoffgemisch, wie Rauch zum Beispiel schon. Die wichtigsten Trennverfahren sind: Sedimentieren, Filtrieren, Dekantieren, Eindampfen und vor allem das Destillieren. Die Trennverfahren bauen auf den Stoffeigenschaften aus dem vorherigem Themengebiet auf.

### Wasser und Wasserstoff

Wasserstoff als erstes Element im Periodensystem und vielversprechender Energieträger wird im Unterricht kurz besprochen. Vor allem bietet sich die Knallgasprobe als Reaktion von Wasserstoff zu Wasser als gutes Schülerexperiment an. Im Kontext der Brennstoffzelle werden Katalysatoren besprochen, die sowohl im fortlaufendem Chemie- und Biologieunterricht eine Rolle spielen, da sie unter anderem wichtige chemische Reaktionen durch Senkung der Aktivierungsenergie beschleunigen oder in einem profitablen Maß erst ermöglichen.

# 1. Klassenarbeit aus der Chemie

**Aufgabe 1**

Erkläre mithilfe des Kugelteilchenmodells, warum sich Gase unter hohem Druck verflüssigen lassen. Veranschauliche deine Erklärung mit beschrifteten Schemazeichnungen.

**Aufgabe 2**

Festes Salz leitet den elektrischen Strom nicht.
Begründe diesen Sachverhalt genau mithilfe des Teilchenmodells. Gehe dabei auch auf die Teilchen ein, die das Salz bilden.

**Aufgabe 3**

In einem Gefäß befindet sich ein Gemisch aus Sägespänen, Schwefelpulver, Kochsalzkristallen und Eisenspänen.

> <u>Hinweis:</u> Schwefel ist unlöslich in Wasser, aber löslich in der giftigen Flüssigkeit Kohlenstoffdisulfid.
> Die Dichte des Schwefels ist größer als die von Wasser.
> Sägespäne lösen sich weder in Wasser noch in Kohlenstoffdisulfid.

a) Nenne wichtige Sicherheitsmaßnahmen beim Umgang mit Kohlenstoffdisulfid.
b) Benenne die vorliegende Gemischart und erläutere den verwendeten Fachbegriff.
c) Entwickle einen Vorschlag, wie man nacheinander vorgehen müsste, um das obige Gemisch so zu trennen, dass am Ende die einzelnen Komponenten vorliegen.
d) Erkläre, wie man herausfinden kann, ob es sich bei den isolierten Gemischkomponenten um homogene Gemische, Verbindungen oder Elemente handelt.

**Aufgabe 4**

a) Die folgenden Abbildungen zeigen Gemische im Teilchenmodell. Gib an, welchen Aggregatzustand die Feinstoffe besitzen, aus denen das jeweilige Gemisch besteht und ob es sich um ein homogenes oder um ein heterogenes Gemisch handelt.

Abb. 1

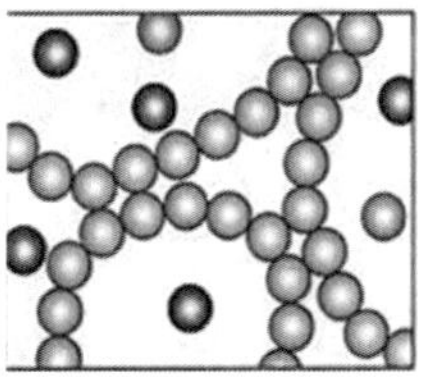

Abb. 2

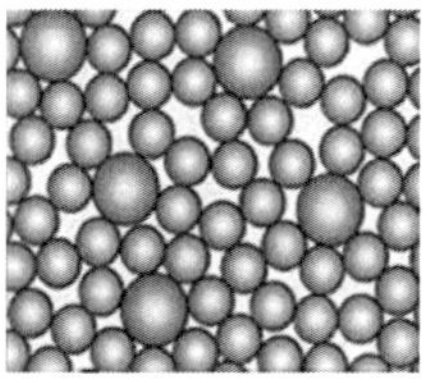

b) Fertige eine Teilchenmodellskizze zu folgenden Gemischen an, gib den Aggregatzustand an und ob es ein homogenes oder heterogenes Gemisch ist.
1) Nebel
2) Wasserfarbe

**Aufgabe 5**

Ein Gemisch aus Wasser und Kochsalz kann durch kräftiges Erhitzen getrennt werden, ein Gemisch aus Eisen und Schwefel nicht.
Erkläre und begründe diesen Sachverhalt unter Verwendung der chemischen Fachsprache.

**bitte wenden!**

**Aufgabe 6**

a) Ergänze das Diagramm zu den verschiedenen Aggregatzuständen.

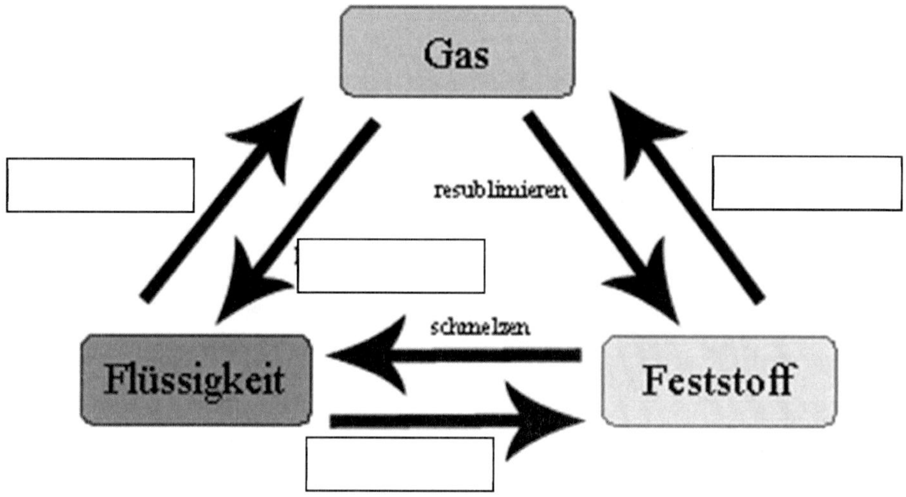


b) Zeichne die verschiedenen Aggregatzustände im Teilchenmodell auf!

**Viel Erfolg!**

# Lösung Klassenarbeit 1.1

Lösung Klassen-arbeit 1.1

**Zur Klassenarbeit allgemein**
Diese Klassenarbeit fragt sowohl allgemeine chemische Fähigkeiten als auch das Aufstellen von Summenformeln und das Ausgleichen von Reaktionen ab. Reaktionskinetik und Katalyse sollen erklärt werden. Dazu werden Interpretationen mit den Teilchenmodell angestellt. Ebenso werden Trennverfahren für Gemische abgefragt.

**Zu Aufgabe 1**
Hier soll eine Modellvorstellung auf verschiedene Aggregatzustände angewandt werden, ein einfaches aber intuitives Modell zur Umwandlung von Gas zu Flüssigkeit bzw. von Flüssigkeit zu Festkörper unter Druck.

**Zu Aufgabe 2**
Diese Aufgabe beschäftigt sich mit Salzkristallen im Teilchenmodell. Nähere Kenntnis über das Teilchenmodell werden abgefragt.

**Zu Aufgabe 3**
**Gemische**
Hier geht es um die Klassifizierung von Gemischen im Unterschied zu Verbindungen und Elementen. Es wird der Unterschied zwischen einem heterogenen und einem homogenen Gemisch behandelt. An einem Beispiel soll der Schüler sein Wissen über physikalische Trennmethoden unter Beweis stellen.

**Zu Aufgabe 4**
In dieser Aufgabe kommt das Teilchenmodell für homogene und heterogene Gemische zur Anwendung. Aus der Lage der Teilchen ist auf den Aggregatzustand zu schließen und umgekehrt. Absolut grundlegende Aufgabe bzgl. des Teilchenmodells!

**Zu Aufgabe 5**
Hier kommt es zur Unterscheidung von physikalischen und chemischen Trennverfahren an jeweils einem Beispiel. Theoretische Abfrageaufgabe, die nach fachlichen Ausdrücken fragt. Der Sachverhalt muss verbal gut dargestellt werden. Kommunikationsfähigkeiten werden in Klassenarbeiten immer mehr abgefragt.

**Zu Aufgabe 6**
Wiederum eine klassische Aufgabe für eine Klassenarbeit. Wenn man gut aufgepasst hat, sollte diese reine Lernaufgabe keine Probleme bereiten.

**Fazit**
Alle diese Aufgaben enthalten Grundwissen, das der Schüler unbedingt beherrschen sollte.
Er muss den Unterschied kennen zwischen physikalischen und chemischen Trennverfahren, zwischen Molekülen und Elementen, zwischen Thermolyse und Analyse. Er sollte wissen, wie eine Elektrolyse von Wasser funktioniert, wie ein Teilchenmodell für homogene und heterogene Gemische zusammengesetzt ist, was eine Katalyse ist und wie Stoffe anhand ihres Siedepunktes sich unterscheiden. Im späteren Chemieunterricht ist gerade das Aufstellen von Reaktionsgleichungen Basiswissen.

Lösung Klassenarbeit 1.1

# Lösung Klassenarbeit 1.1

**Aufgabe 1**

*Erkläre mithilfe des Kugelteilchenmodells, warum sich Gase unter hohem Druck verflüssigen lassen. Veranschauliche deine Erklärung mit beschrifteten Schemazeichnungen.*

**Tipps und Tricks**
Das Kugelteilchenmodell ist ein Modell, das Aggregatzustände vereinfacht erklärt. In diesem Modell sind die Teilchen eines Stoffes, egal ob nun Moleküle oder Atome, als Kugeln dargestellt. Diese Kugeln werden miteinander durch Druck verbunden. Man kann sich das so vorstellen wie Kugeln mit einer klebrigen Oberfläche, je stärker man sie zusammendrückt, desto stärker kleben sie aneinander.

In einem Gas sind die Teilchen quasi frei. Die Kugeln hängen also nicht zusammen und bewegen sich unabhängig voneinander.
Drückt man nun die Kugeln zusammen, berühren sie sich und bleiben aneinanderkleben. Je stärker man drückt, desto mehr Kugeln kleben umso stärker zusammen. Dieser Aggregatzustand ist dann der flüssige, bei dem die Atome nicht mehr so frei angeordnet sind wie in einem Gas. Erhöht man den Druck weiter, so pressen sich sämtliche Kugeln zu einem festen Verband zusammen und können sich nur noch zusammen in einem Stück bewegen. Dies entspricht einem Festkörper, in dem die Atome in einem Gitter fest verbunden sind.

Freie Teilchen→Druck→ leicht gebundene Teilchen → Druck→ in einem Gitter gebundene Teilchen
Gas → Flüssigkeit → Festkörper

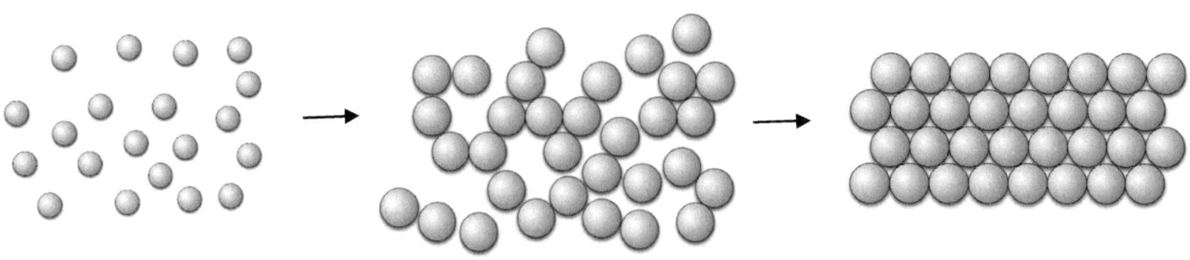

**Aufgabe 2**

*Festes Salz leitet den elektrischen Strom nicht.*
*Begründe diesen Sachverhalt genau mithilfe des Teilchenmodells. Gehe dabei auch auf die Teilchen ein, die das Salz bilden.*

**Tipps und Tricks**
Ein Salz ist eine chemische Verbindung, die (fast immer) aus positiv geladenen Metall-Ionen und negativ geladenen Nichtmetall-Ionen gebildet wird. Positiv geladene Ionen werden als Kationen bezeichnet, negativ geladene als Anionen.

Im Gegensatz zu einem Molekül wird die Verhältnisformel eines Salzes durch die Ladungszahlen der Ionen bestimmt, da sich die negativen und positiven Ladungen ausgleichen müssen, sodass das Salz insgesamt elektrisch neutral ist. Die Ionenbindung basiert auf der elektrischen Anziehung positiver und negativer Ladungen.
Als Feststoff, bilden Salze ein Ionengitter mit einer bestimmten kristallinen Struktur. Die meisten Salze sind aufgrund ihres hohen Schmelzpunktes bei Raumtemperatur fest.
In einem Kristallgitter sind alle Ladungen festgebunden, daher können Elektronen nicht hindurchfließen und daher auch kein Strom. Somit sind feste Salze elektrische Isolatoren. Schmelzen und Lösungen von Salzen hingegen leiten den elektrischen Strom aufgrund der dort frei beweglichen Ionen.

Lösung Klassen-arbeit 1.1

**Aufgabe 3**

*In einem Gefäß befindet sich ein Gemisch aus Sägespänen, Schwefelpulver, Kochsalzkristallen und Eisenspänen.*

*a) Nenne wichtige Sicherheitsmaßnahmen beim Umgang mit Kohlenstoffdisulfid.*

**Tipps und Tricks**

Bei der Arbeit mit chemischen Stoffen, ist es zunächst wichtig, die Eigenschaften des Stoffes bzw. seine Gefahren zu kennen, sodass man sich entsprechend ausrüstet, um Verletzungen zu vermeiden. Ganz allgemein gilt die Regel, dass möglichst kein Stoff eingeatmet, geschluckt oder auf die Haut oder die Augen gelangen sollte. Daher ist grundsätzlich das Tragen von Schutzkleidung, wie etwa einem Laborkittel, Handschuhen und einer Schutzbrille empfehlenswert. Auch müsste man in einem Abzug arbeiten. Daneben sollten auch immer möglichst kleine Mengen verwendet werden, das verringert sämtliche Gefahren und ist zusätzlich umweltschonend und ökonomischer.

Kohlenstoffdisulfid ist flüchtig, leicht entzündlich und giftig. Daher sollte man Abstand von offenen Feuerquellen und Funken halten und in einem Abzug arbeiten, sodass dessen Dämpfe nicht eingeatmet werden.

b) *Benenne die vorliegende Gemischart und erläutere den verwendeten Fachbegriff.*

**Tipps und Tricks**

- Ein Gemisch ist definiert als Mischung aus mindestens zwei verschiedenen Reinstoffen. Man unterscheidet
- heterogene Gemische, in denen Stoffe in klar getrennten Phasen vorkommen,
- und homogene Gemische, bei denen man mit bloßem Auge nicht erkennt, dass es sich um eine Mischung handelt, also ein einphasiges Gemisch.
- Des Weiteren unterscheidet man feste, flüssige und gasförmige Gemische, je nach Aggregatzustand der Gesamtmischung.

Hier handelt es sich um ein heterogenes Feststoffgemisch. Alle Stoffe liegen in einem festen Aggregatzustand vor, außerdem sind die einzelnen Phasen klar erkennbar. So sieht man beispielsweise Sägespäne auf Kochsalzkristallen liegen.

c) *Entwickle einen Vorschlag, wie man nacheinander vorgehen müsste, um das obige Gemisch so zu trennen, dass am Ende die einzelnen Komponenten vorliegen.*

**Tipps und Tricks**

Zunächst sollte man sich Gedanken darüber machen, welchen allgemeinen Trennungsvorgang man vornimmt. Gemische trennt man durch physikalische Vorgänge, Verbindungen durch chemische Vorgänge, also Vorgänge, bei denen Stoffumwandlungen stattfinden.
Hier handelt es sich um ein Gemisch, also sollten physikalische Trennungsvorgänge vorgenommen werden.
Es gibt folgende physikalische Trennungsvorgänge:

- Zentrifugieren: Durch Rotieren in einer Zentrifuge sedimentieren dichtere Teilchen in einer Flüssigkeit schneller als weniger dichte Teilchen. So werden unterschiedlich dichte Teilchen getrennt.
- Filtrieren: Ein flüssiges Gemisch durchläuft einen Filter, z.B. aus Papier. Teilchen, die größer als die Porengröße des Filters sind, bleiben auf ihm zurück, der Rest (das Filtrat) läuft durch. So können unterschiedlich große Teilchen getrennt werden.

- Destillieren: Man erhitzt ein Gemisch auf eine bestimmte Temperatur, sodass ein Teil des Gemisches verdampft. Durch Kondensieren erhält man den Reinstoff zurück. Dies lässt sich bei unterschiedlichen Temperaturen wiederholen. So trennt man Stoffe mit unterschiedlich hohem Siedepunkt.
- Magnettrennung: Durch Anlegen eines Magnetfeldes werden magnetische Teilchen von nicht magnetischen getrennt. Je nach Stärke des Magnetfeldes können so Stoffe nach ihrer Magnetisierbarkeit getrennt werden.

Möchte man ein Gemisch trennen, sollte man also sich die Eigenschaften der enthaltenen Reinstoffe zunutze machen. Oft ist eine gewisse Reihenfolge vorteilhafter als eine andere.

Hier bietet es sich an, zuerst die Eisenspäne durch ***Magnettrennung*** zu extrahieren, da dies die einzigen magnetisierbaren Teilchen des Gemisches sind.
Anschließend sollte man dem Gemisch ***Wasser hinzufügen***, sodass sich die Kochsalzkristalle lösen, die Sägespäne und das Schwefelpulver sind nicht in Wasser löslich. ***Filtriert*** man nun, erhält man als Filtrat eine Kochsalzlösung und im Filter ein Gemisch aus Schwefelpulver und Sägespänen. Um das Kochsalz in seiner ursprünglichen Form, den Kristallen, zurück zu erhalten, muss man die filtrierte Lösung ***eindampfen***, also stark erhitzen, bis alles Wasser verdampft ist und nur noch der Feststoff zurückbleibt.

Um die Sägespäne von dem Schwefelpulver zu trennen, ***gibt*** man nun noch ***Kohlenstoffdisulfid*** zu diesem Gemisch ***hinzu***, in welchem sich nur das Schwefelpulver löst. Durch erneutes ***Filtrieren*** gewinnt man die Sägespäne zurück.

Um anschließend die homogene Lösung aus Schwefelpulver und Kohlenstoffdisulfid zu trennen, bedient man sich der ***Destillation***. Kohlenstoffdisulfid siedet bei einer deutlich niedrigeren Temperatur (46°C) als Schwefel (340°C). Also bleibt Schwefel übrig.

d) *Erkläre, wie man herausfinden kann, ob es sich bei den isolierten Gemischkomponenten um homogene Gemische, Verbindungen oder Elemente handelt.*

Wie bereits oben angesprochen, lassen sich homogene Gemische, Verbindungen und Elemente nicht mit bloßem Auge unterscheiden. Man erkennt diese an den nötigen Trennungsverfahren. Homogene Gemische lassen sich mit einem der oben genannten physikalischen Trennvorgänge aufspalten. Das Gesamtgemisch besitzt keine spezifischen Kenneigenschaften.

Um Verbindungen zu spalten, sind chemische Reaktionen nötig. Dazu müssen andere Stoffe hinzugegeben werden. Allerdings reagiert nicht jeder Stoff mit einem anderen, da Reaktionen nur stattfinden, wenn sie energetisch günstig sind. Daher kann es notwendig sein, eine gewisse Aktivierungsenergie beizutragen.
Elemente selbst sind nicht trennbar, da sie nur aus einer Atomsorte bestehen, und Atome (griechisch atomos „unteilbar") nicht chemisch spaltbar sind. Außerdem besitzen Elemente spezifische Kenneigenschaften.

Lösung Klassenarbeit 1.1

**Aufgabe 4**

a) *Die folgenden Abbildungen zeigen Gemische im Teilchenmodell. Gib an, welchen Aggregatzustand die Feinstoffe besitzen, aus denen das jeweilige Gemisch besteht und ob es sich um ein homogenes oder um ein heterogenes Gemisch handelt.*

Abb. 1

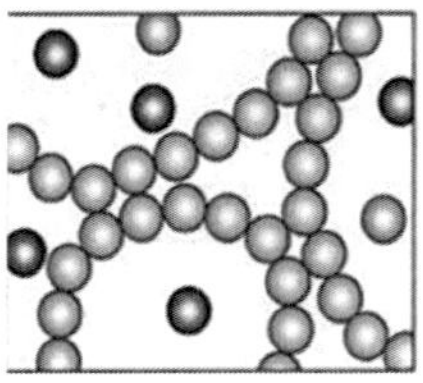

a1) Dies ist Schaum, eine heterogene Mischung aus Flüssigkeit und Gas.

Abb. 2

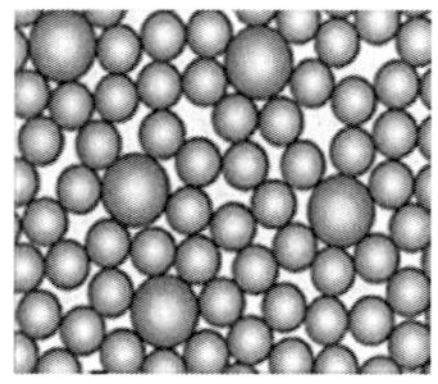

a2) Dies ist eine Lösung, eine homogene Mischung aus zwei Flüssigkeiten.

b) *Fertige eine Teilchenmodellskizze zu folgenden Gemischen an, gib den Aggregatzustand an und beschreibe, ob es ein homogenes oder heterogenes Gemisch ist.*

1) Nebel

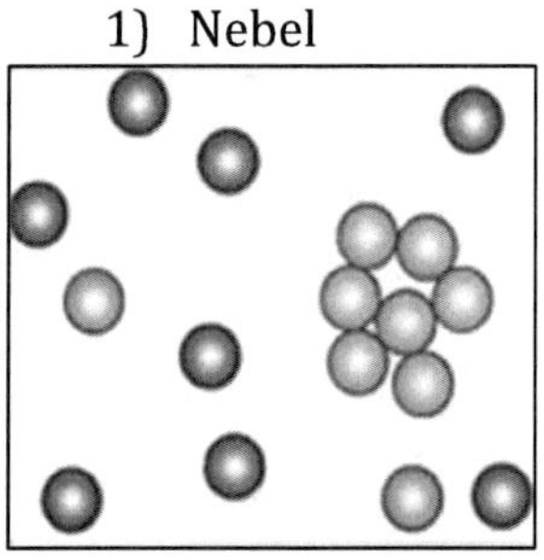

b1) Es ist ein heterogenes Gemisch aus Gas und Flüssigkeit.

2) Wasserfarbe

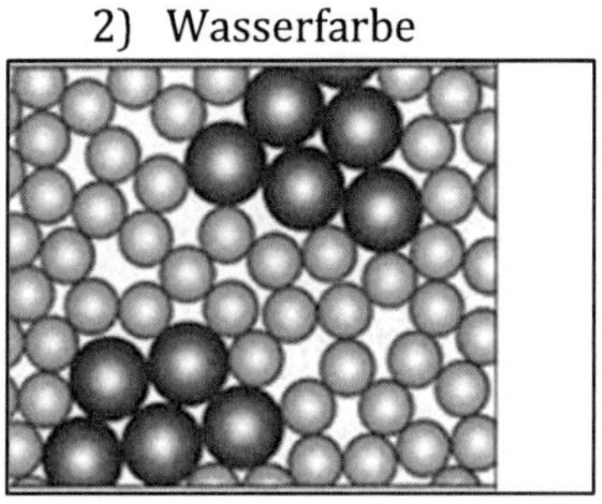

b2) Es ist ein heterogenes Gemisch aus Flüssigkeit und Feststoff.

**Aufgabe 5**

*Ein Gemisch aus Wasser und Kochsalz kann durch kräftiges Erhitzen getrennt werden, ein Gemisch aus Eisen und Schwefel nicht.*
*Erkläre und begründe diesen Sachverhalt unter Verwendung der chemischen Fachsprache.*

Ein flüssiges Gemisch aus Wasser und Kochsalz lässt sich durch Erhitzen trennen, da das Wasser an seinem Siedepunkt verdampft, wobei die Kochsalzkristalle zurückbleiben. Kochsalz verdampft erst wesentlich später. Dieses Trennungsverfahren ähnelt einer Destillation. Chemisch gesehen, ist das Kochsalz im Wasser gelöst bzw. aquatisiert, sodass es in Form von Chlor-Anionen und Natrium-Kationen vorliegt. Diese Ionen bleiben beim Verdampfen des Wassers zurück und bilden (ohne die Wasserhülle – Hydrathülle – um sie herum) aufgrund der elektrischen Anziehung ein Salz.

Ein Eisen- und Schwefel-Gemisch liegt bei Raumtemperatur in fester Form vor. Beide Stoffe schmelzen erst bei höheren Temperaturen. Beim Erhitzen dieses Gemisches wird Aktivierungsenergie zugeführt, sodass es zu einer chemischen Reaktion zwischen Eisen und Schwefel kommt, wobei Eisensulfid entsteht.

**Aufgabe 6**

*a) Ergänze das Diagramm zu den verschiedenen Aggregatzuständen.*

**Tipps und Tricks**
Die drei Aggregatzustände fest, flüssig und gasförmig sowie die Benennung der einzelnen Übergänge gehören zum absoluten Grundwissen in der Chemie.
Jeder Stoff hat eine spezifische Siede- sowie Schmelztemperatur, an welchen er vom festen in den flüssigen oder vom flüssigen in den festen Zustand übergeht.
Ebenso gilt: Jeder Stoff hat eine spezifische Siede- sowie Schmelztemperatur, an welchen er vom festen in den gasförmigem oder vom gasförmigen in den festen Zustand übergeht.

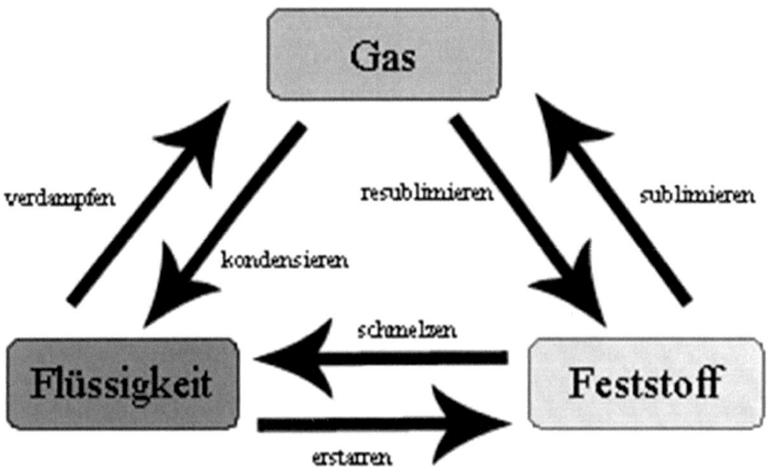


*b) Zeichne die verschiedenen Aggregatzustände im Teilchenmodell auf!*

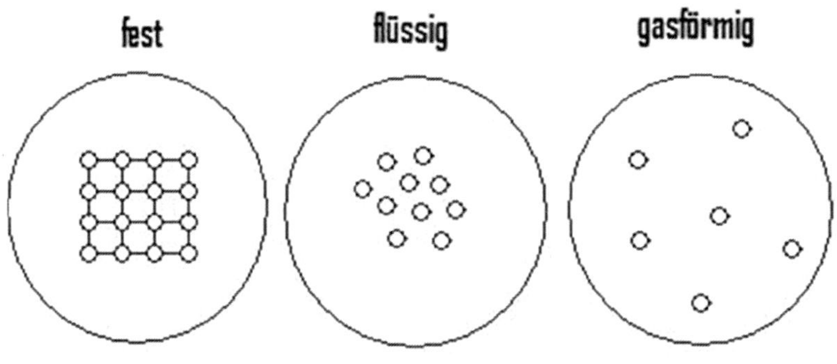

# 1. Klassenarbeit aus der Chemie

**Aufgabe 1**

Wenn man sich das Verhalten von Wasser im Winter anschaut, merkt man schnell, dass Wasser in verschiedenen Formen und Aggregatzuständen vorliegen kann.

a) In welchen Aggregatzuständen kann Wasser im Winter vorliegen?

b) Schnee schmilzt nach einer Zeit und dieser geschmolzene Schnee „verschwindet" irgendwann einfach. Welcher Prozess verbirgt sich dahinter?

c) Inwiefern unterscheidet sich der Prozess vom Verdampfen des Wassers auf der Herdplatte? Vergleiche!

**Aufgabe 2**

Einige Stoffe können sich besser in Wasser lösen als andere.

a) Nenne 3 gut in Wasser lösliche Stoffe und 2 schlecht in Wasser lösliche Stoffe.

b) Zeichne ein Modell, welches den Lösungsprozess veranschaulicht.

**Aufgabe 3**

Dichte ist eine Eigenschaft von Stoffen, die besagt wie viel ein bestimmtes Volumen eines Stoffes wiegt. Das kann experimentell bestimmt werden.

a) Ein Stück Metall wird in Wasser geworfen und verdrängt ein Volumen von 6,72 $cm^3$. Das Stück wiegt 60 g. Errechne die Dichte des Metalls.

b) Nutze die Tabelle zur Bestimmung, um welches Metall es sich handelt.

| Stoffe | Dichte in $g/cm^3$ |
|---|---|
| Alkohol | 0,79 |
| Wasser | 1,0 |
| Quecksilber | 13,55 |
| Lithium | 0,534 |
| Aluminium | 2,7 |
| Kupfer | 8,93 |
| Gold | 19,32 |

**Aufgabe 4**

Bei Stoffgemischen wird zwischen homogenen und heterogenen Stoffgemischen unterschieden.

a) Nenne ein Beispiel für:
ein heterogenes Stoffgemisch aus einem Feststoff in einem gasförmigen Stoff
ein heterogenes Stoffgemisch aus einer Flüssigkeit in einem gasförmigen Stoff
ein homogenes Stoffgemisch zweier Flüssigkeiten

b) Ordne folgende Beispiele in homogen oder heterogen ein und benenne den Aggregatzustand der Stoffe:
- Haarspray
- Bronze (eine Legierung)
- Trüber Apfelsaft

**Aufgabe 5**

Du hast Durst und das einzige Wasser in der Nähe ist eine dreckige Pfütze.

a) Welche Trennungsverfahren kannst du anwenden, wenn du 2 leere Flaschen und eine Packung Taschentücher hast, damit das Wasser anschließend klar aussieht.

b) Ist das Wasser anschließend trinkbar? Begründe deine Antwort.

**Viel Erfolg!**

# Lösung Klassenarbeit 1.2

## Aufgabe 1

*Wenn man sich das Verhalten von Wasser im Winter anschaut, merkt man schnell, dass Wasser in verschiedenen Formen und Aggregatzuständen vorliegen kann.*

*a) In welchen Aggregatzuständen kann Wasser im Winter vorliegen?*

**Tipps und Tricks**

- Stoffe kommen in drei Aggregatzuständen vor: fest, flüssig und gasförmig.
- Die Übergänge zwischen den Aggregatzuständen nennt man:
  - Schmelzen (fest zu flüssig) und Erstarren (flüssig zu fest),
  - Verdampfen (flüssig zu gasförmig),
  - Kondensieren (gasförmig zu flüssig),
  - Sublimieren (fest zu gasförmig) und
  - Resublimieren (gasförmig zu fest).
- Der Unterschied zwischen den Aggregatzuständen wird durch den Abstand der Teilchen, die einen Stoff bilden, ausgedrückt.
  - Im festen Zustand, sind die Teilchen nah beieinander und in einem geordneten Gitter.
  - Im flüssigen Zustand sind sie weiter voneinander entfernt aber halten noch ganz schwach untereinander zusammen.
  - Im gasförmigen Zustand sind die Teilchen so weit voneinander entfernt, dass sie nicht mehr wirklich mit den anderen Teilchen interagieren.

Bei Temperaturen unter 0 °C kommt Wasser im festen Aggregatzustand als Eis vor. Bei Temperaturen über 0 °C und unter 100 °C liegt es flüssig vor. Da es im Winter manchmal unter 0 °C und manchmal über 0 °C ist, liegt Wasser temperaturabhängig im Winter in beiden Aggregatzuständen vor. Wasser kommt im Winter auch in geringen Mengen gasförmig vor, beispielsweise, wenn es verdunstet.

*b) Schnee schmilzt nach einer Zeit und dieser geschmolzene Schnee „verschwindet" irgendwann einfach. Welcher Prozess verbirgt sich dahinter?*

**Tipps und Tricks**

Der Übergang von flüssig zu gasförmig kann mit zwei Begriffen beschrieben werden: Verdampfen oder Verdunsten. Dabei beschreibt „Verdampfen" den gleichen Prozess unter Zufuhr von Wärme; also erhitzen, wohingegen „Verdunsten" bereits unterhalb der Siedetemperatur stattfinden kann.

Da Wasser unterhalb der Siedetemperatur von 100 °C vom flüssigen in den gasförmigen Zustand wechselt, spricht man von „Verdunstung".

*c) Inwiefern unterscheidet sich der Prozess vom Verdampfen des Wassers auf der Herdplatte? Vergleiche!*

Beim Verdampfen wird der Wechsel vom flüssigen in den gasförmigen Aggregatzustand durch Zufuhr von Energie, in dem Fall Wärme, erzwungen, was bei Verdunstung nicht der Fall ist.

Lösung Klassenarbeit 1.2

**Aufgabe 2**

*Einige Stoffe können sich besser in Wasser lösen als andere.*

*a) Nenne 3 gut in Wasser lösliche Stoffe und 2 schlecht in Wasser lösliche Stoffe.*

Gut in Wasser löslich: Salz, Zucker und Zitronensäure (Als Beispiele)
Schlecht in Wasser löslich: Gips und Sand (Als Beispiele)

*b) Zeichne ein Modell, welches den Lösungsprozess veranschaulicht.*

**Tipps und Tricks**
Beim Lösungsprozess, wird eine Verbindung auf der Teilchenebene aufgelöst. Das heißt nicht, dass der Stoff weg ist, sondern nur dass die Teilchen, die den Stoff gebildet haben nicht mehr in der ursprünglichen Anordnung sind. Sie treten in einer neuen Anordnung, umgeben vom Lösemittel auf.

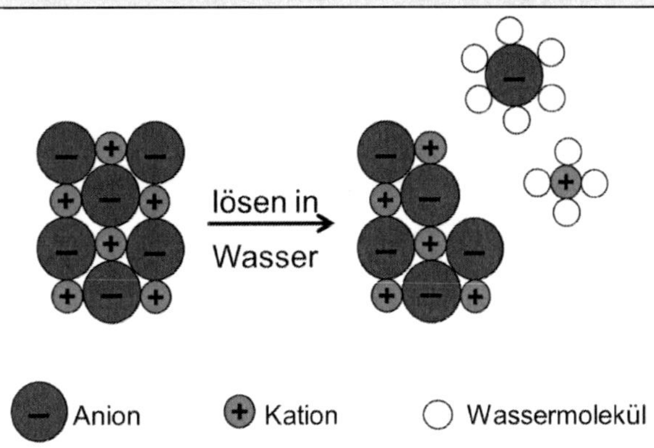


**Aufgabe 3**

*Dichte ist eine Eigenschaft von Stoffen, die besagt wie viel ein bestimmtes Volumen eines Stoffes wiegt. Das kann experimentell bestimmt werden.*

*a) Ein Stück Metall wird in Wasser geworfen und verdrängt ein Volumen von 6,72 $cm^3$. Das Stück wiegt 60 g. Errechne die Dichte des Metalls.*

**Tipps und Tricks**
- Die Dichte beschreibt als Stoffgröße, wie viel Gewicht ein Volumen eines Stoffes wiegt.
- Sie ist von der Masse der Teilchen abhängig und davon, wie eng diese beieinander sind.
- Bei vielen Stoffen nimmt die Dichte beim Wechsel von fest zu flüssig zu gasförmig ab.
- Die einzige bekannte Ausnahme ist Wasser, welches bei 4 °C im flüssigen Aggregatzustand die höchste Dichte mit nahezu $1 g/cm^3$ hat. Festes Wasser hat eine geringere Dichte als flüssiges. Deswegen schwimmen Eiswürfel auch an der Wasseroberfläche.

Die Dichte wird durch folgende Formel berechnet: $\rho = \frac{m}{V}$. Die Dichte hat die Einheit g / $cm^3$ und das Formelzeichen ist das Rho.
Nach $\rho = \frac{m}{V}$ lässt sich die Dichte des Metalls berechnen: $\frac{60g}{6{,}72cm^3} = 8{,}93\ g/cm^3$

*b) Nutze die Tabelle zur Bestimmung, um welches Metall es sich handelt.*

Der Tabelle ist zu entnehmen, dass Kupfer die exakt gleiche Dichte hat und es sich deshalb bei dem Metall aus Aufgabe 3 a) um Kupfer handeln muss.

**Aufgabe 4**

*Bei Stoffgemischen wird zwischen homogenen und heterogenen Stoffgemischen unterschieden.*

**Tipps und Tricks**
- Ein Gemisch besteht aus mehr als einem Reinstoff. Es wird zwischen heterogenen und homogenen Stoffgemischen unterschieden.
- Bei **homogenen** Stoffgemischen können die einzelnen Bestandteile nicht einmal durch ein Mikroskop voneinander unterschieden werden. Beispielsweise ist **Zuckerwasser** ein homogenes Gemisch.
- Bei **heterogenen** Stoffgemischen können die einzelnen Bestandteile voneinander unterschieden werden. So ist **Granit** ein heterogenes Stoffgemisch, aber auch Rauch ist eins.
- Bei Stoffgemischen müssen die beiden Stoffe **nicht** im gleichen **Aggregatzustand** sein.

a) *Nenne ein Beispiel für:*

*ein heterogenes Stoffgemisch aus einem Feststoff in einem gasförmigen Stoff*
- Rauch, da feine Rußteilchen (fest) in der Luft (gasförmig) verteilt sind.

*ein heterogenes Stoffgemisch aus einer Flüssigkeit in einem gasförmigen Stoff*
- Schaum oder Nebel, da Seife oder Wasser (flüssig) mit der Luft (gasförmig) vermischt sind.

*ein homogenes Stoffgemisch zweier Flüssigkeiten*
- Wein, da flüssiger Alkohol mit flüssigem Wasser vermischt ist und die einzelnen Bestandteile optisch nicht voneinander unterscheidbar sind.

b) *Ordne folgende Beispiele in homogen oder heterogen ein und benenne den Aggregatzustand der Stoffe:*
- *Haarspray*
  Heterogenes Stoffgemisch einer Flüssigkeit mit einem Gas. Der Wirkstoff des Haarsprays ist eine Flüssigkeit, die durch ein Treibgas in feinen Tröpfchen verteilt wird.

- *Bronze (eine Legierung)*
  Ein homogenes Stoffgemisch zweier Feststoffe. Legierungen sind immer homogene Verbindungen zweier Metalle, welche meist (aber nicht immer) eine feste Legierung bilden.

- *Trüber Apfelsaft*
  Heterogenes Stoffgemisch einer Flüssigkeit mit einem Feststoff. Die festen Reste eines Apfels sind stark zerkleinert und fein verteilt im Wasser. Allerdings lassen sie sich noch leicht optisch voneinander unterscheiden.

**Aufgabe 5**

*Du hast Durst und das einzige Wasser in der Nähe ist eine dreckige Pfütze.*

a) *Welche Trennungsverfahren kannst du anwenden, wenn du 2 leere Flaschen und eine Packung Taschentücher hast, damit das Wasser anschließend klar aussieht.*

**Tipps und Tricks**

Folgende Trennverfahren gibt es:
- Sedimentieren: Absetzen von schweren unlöslichen Partikeln in einer Flüssigkeit.
- Dekantieren: Abgießen der Flüssigkeit ohne den sedimentierten Rückstand mit abzugießen.

- Filtrieren: Trennen nach unterschiedlicher Korngröße. Nur Stoffe, dessen Korngröße die membrane Größe unterschreiten gelangen durch den Filter.
- Eindampfen: Trennung nach unterschiedlichen Siedetemperaturen mit Verlust des Stoffes mit der niedrigeren Siedetemperatur.
- Destillieren: Trennung nach unterschiedlichen Siedetemperaturen ohne Verlust jeglicher Stoffe, da der früher siedende durch Kondensation über eine Destillations-brücke in einem anderen Gefäß zurückgewonnen werden kann.
- Chromatografieren: Auftrennung eines Stoffgemisches durch unterschiedliche Verteilung seiner Einzelbestandteile zwischen einer stationären und einer mobilen Phase.

Zuerst können die festen Steinchen und andere gröbere Verunreinigungen durch das Sedimentieren vom Wasser getrennt werden. Anschließend kann das klare Wasser über mehrere Taschentücher, welche als Filter agieren, in eine andere Flasche dekantiert werden. Andere Möglichkeiten gibt es mit den Mitteln nicht, um klares Wasser zu gewinnen.

*b) Ist das Wasser anschließend trinkbar? Begründe deine Antwort.*

Nein ist es nicht. Schädliche Mikroorganismen wie Bakterien und Viren konnten nicht durch die Trennverfahren unschädlich gemacht werden. Außerdem ist der Salzgehalt noch zu hoch.

# 1. Klassenarbeit aus der Chemie

**Aufgabe 1**

a) Nenne die jeweiligen Trennmethoden für das einfache Verfahren zur Trennung von Gemischen.

1. Gemisch in Wasser geben und warten, bis es sich absetzt
2. Gemisch durch Gitter laufen lassen
3. Gemisch durch Gewebe laufen lassen
4. Feststoffe (z.B. Sand) in einer Lösung zurücklassen und Lösung aus dem Gefäß abgießen
5. Gemisch erhitzen bis Teile verdampft sind
6. Gemisch sieden und die darin gelösten Stoffe anschließend kondensieren und jeweils abfangen.

b) Definiere die Begriffe homogen und heterogen in Bezug auf Stoffe.

c) Vervollständige folgende Tabelle zu den Stoffgemischen.

| **Gemisch** | **Art des Gemisches** | **Name des Gemisches** | **Aggregatzustände** |
|---|---|---|---|
| ***Orangensaft*** | ***heterogen*** | ***Suspension*** | ***fest-flüssig*** |
| Mineralwasser | | | |
| Messing<br>(Kupfer und Zinn) | | | |
| Abgas | | | |

**Aufgabe 2**

Überprüfe die nachfolgenden Behauptungen. Entscheide jeweils, ob die Aussage richtig oder falsch ist und begründe bei falschen Aussagen deine Entscheidung.
Aussage 1: Alle Elemente sind Moleküle.
Aussage 2: Die Zerlegung von Wasser ist eine Thermolyse.
Aussage 3: Moleküle bestehen aus Nichtmetallatomen.
Aussage 4: Die Reaktion von Kaliumnitrat mit einem Gummibärchen ist eine Analyse.

**Aufgabe 3**

Ein Gemisch aus Wasser und Kochsalz kann durch kräftiges Erhitzen getrennt werden, ein Gemisch aus Eisen und Schwefel nicht.
Erkläre und begründe diesen Sachverhalt unter Verwendung der chemischen Fachsprache.

**Aufgabe 4**

a) Wodurch ist eine chemische Reaktion gekennzeichnet? Erläutere deine Aussage an einem selbstgewählten Beispiel.

b) Formuliere die Reaktion für die „Knallgasreaktion" (Wort- und Formelgleichung, Energiebeteiligung).

**bitte wenden!**

**Aufgabe 5**

Wasser besitzt einen Siedepunkt (abgekürzt Sdp.) von 100° C, Ethanol (Trinkalkohol) einen Sdp. von 78°C.

Vor dir stehen drei unbeschriftete Flaschen, in denen sich Wasser, Ethanol oder Schnaps (40% Ethanol, 60% Wasser) befinden. Beschreibe, wie du sicher herausfinden kannst, in welcher Flasche sich die jeweiligen Stoffe befinden (Geruchsproben sind nicht erlaubt). (4 BE)

Erlaubte Hilfsmittel: Periodensystem der Elemente

**Viel Erfolg!**

# Lösung Klassenarbeit 1.3

Lösung Klassen-arbeit 1.3

**Zur Klassenarbeit allgemein**
Die Klassenarbeit behandelt das Aufstellen von Summenformeln und Reaktionsgleichungen. Dabei werden die Informationen im Periodensystem der Elemente verwendet. Außerdem werden wichtige Trennmethoden zur Stofftrennung behandelt.

**Zu Aufgabe 1 – Trennverfahren**
Hier werden grundlegende Trennmethoden zur Stofftrennung abgefragt. Diese sind für das chemische Verständnis von Stoffen essenziell und sollten auswendig und mit Beispielen gelernt werden. Ein besonderer Schwerpunkt der Aufgabe liegt auf der Destillation.

**Zu Aufgabe 2**
Hier sollen kurze Fragen beantwortet werden, zur Unterscheidung von Molekülen und Elementen, Thermolyse und Analyse.

**Zu Aufgabe 3**
Hier kommt es zur Unterscheidung von physikalischen und chemischen Trennverfahren an jeweils einem Beispiel.

**Zu Aufgabe 4**
In Aufgabe 4 werden Reaktiongleichungen aufgestellt und die Reaktionskinetik betrachtet. Außerdem soll der Begriff der Katalyse erklärt werden.

**Zu Aufgabe 5**
Stoffe sollen anhand ihres Siedepunktes unterschieden werden.

**Fazit**
Alle diese Aufgaben enthalten Grundwissen, das der Schüler unbedingt beherrschen sollte. Im späteren Chemieunterricht ist gerade das Aufstellen von Verbindungsformeln und Reaktionsgleichungen grundlegendes Handwerksmaterial.

Lösung Klassen-arbeit 1.3

# Lösung Klassenarbeit 1.3

**Aufgabe 1**
**Trennverfahren**

*a) Nenne die jeweiligen Trennmethoden für das einfache Verfahren zur Trennung von Gemischen.*

**Tipps und Tricks**
Zur genaueren Bestimmung von Stoffen, ist es wichtig, sich zu überlegen aus welchen Bestandteilen dieser besteht. Kann man zwei verschiedene Phasen (Aggregatzustände) mit dem bloßen Auge erkennen, ist es beispielsweise ein heterogenes Stoffgemisch. Untenstehendes Diagramm gibt einen guten Überblick über die Einteilung der Stoffe. Es ist hilfreich, sich dieses sehr genau zu merken und zu jedem Gemisch mindestens ein Beispiel nennen zu können.

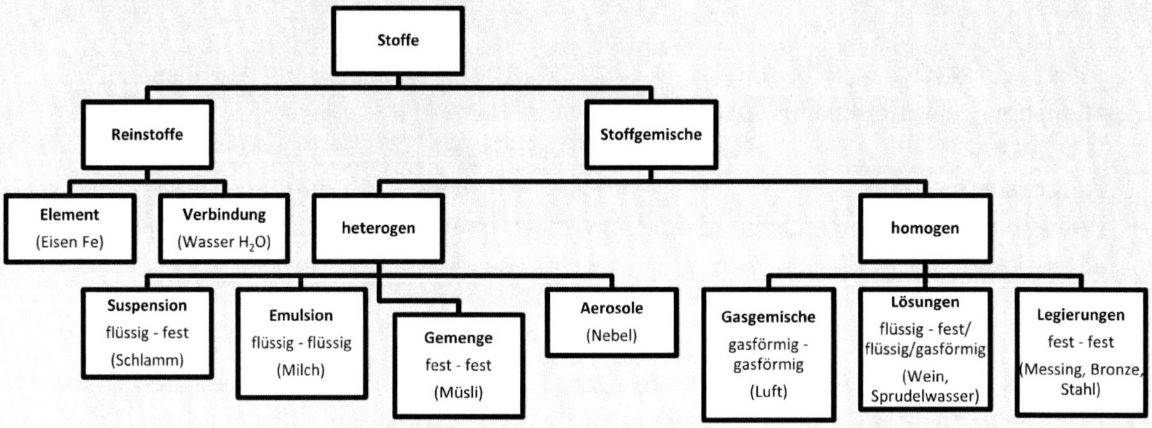


1. *Gemisch in Wasser geben und warten, bis es sich absetzt*
   **Sedimentieren**
2. *Gemisch durch Gitter laufen lassen*
   **Sieben**
3. *Gemisch durch Gewebe laufen lassen*
   **Filtrieren**
4. *Feststoffe (z.B. Sand) in einer Lösung zurücklassen und Lösung aus dem Gefäß abgießen*
   **Dekantieren**
5. *Gemisch erhitzen bis Teile verdampft sind*
   **Eindampfen**
6. *Gemisch sieden und die darin gelösten Stoffe anschließend kondensieren und jeweils abfangen*
   **Destillieren**

*b) Definiere die Begriffe homogen und heterogen in Bezug auf Stoffe.*

- **Homogenes** Stoffgemisch: Stoffgemische, deren Bestandteile auch mit dem Mikroskop nicht zu unterscheiden sind → einheitliche Verbindung
- **Heterogenes** Stoffgemisch: Stoffgemische, deren Bestandteile mit dem Auge oder dem Mikroskop klar zu unterscheiden sind → uneinheitliche Bestandteile

*c) Vervollständige folgende Tabelle zu den Stoffgemischen:*

| Gemisch | Art des Gemisches | Name des Gemisches | Aggregatzust |
|---|---|---|---|
| *Orangensaft* | *heterogen* | *Suspension* | *fest-flüssig* |
| Mineralwasser | **homogen** | **Lösung** | **gasförmig-flüssig** |
| Messing (Kupfer und Zinn) | **homogen** | **Legierung** | **fest-fest** |
| Abgas | **heterogen** | **Rauch** | **fest-gasförmig** |

**Aufgabe 2**

*Überprüfe die nachfolgenden Behauptungen. Entscheide jeweils, ob die Aussage richtig oder falsch ist und begründe bei falschen Aussagen deine Entscheidung.*
*Aussage 1: Alle Elemente sind Moleküle.*
*Aussage 2: Die Zerlegung von Wasser ist eine Thermolyse.*
*Aussage 3: Moleküle bestehen aus Nichtmetallatomen.*
*Aussage 4: Die Reaktion von Kaliumnitrat mit einem Gummibärchen ist eine Analyse.*

1: **Nein.** Nicht alle elementaren Stoffe sind Moleküle.
Ein Element ist definiert als ein Stoff mit einer festgelegten Protonenzahl (auch Ordnungszahl oder Kernladungszahl genannt), die dessen Position im Periodensystem der Elemente festlegt.
Ein Stoff, der elementar vorkommt, besteht nur aus einer einzigen Atomsorte.
Die einzelnen Atome können sich (müssen aber nicht) miteinander zu Molekülen verbinden.
Beispielsweise liegen Edelgase wie Argon oder Neon immer monoatomar vor, also bestehend aus einzelnen Atomen, wohingegen z.B. Chlor und Wasserstoff diatomar sind, also grundsätzlich aus Molekülen mit 2 Atomen bestehen.

2: **Nein.** Wasser lässt sich nicht durch Thermolyse zerlegen.
Eine Thermolyse ist eine Zersetzungsreaktion (Lyse, Lysis), also die Aufspaltung eines Moleküls in seine Bestandteile mit Hilfe von Hitze. Aus dem Alltag sollte bekannt sein, dass beim Erhitzen von Wasser keineswegs Wasserstoff und Sauerstoff entstehen. Das Wasser wechselt lediglich ab einer gewissen Temperatur (dem Siedepunkt, Sdp.) den Aggregatzustand von flüssig zu gasförmig. Die Moleküle selbst bleiben dabei erhalten. Möchte man Wasser lysieren, so macht man dies durch Elektrolyse, also durch das Anlegen von Gleichstrom.

3: **Nein.** Moleküle bestehen nicht nur aus Nichtmetallatomen.
Moleküle sind definiert als miteinander verbundene Atome von einer oder von verschiedenen Atomsorten. Bei nur einer Atomsorte spricht man von sogenannten Elementmolekülen.
Die meisten Moleküle bestehen lediglich aus Nichtmetallatomen.
Wenn eine Bindung zwischen einem Metall-Ion und einem Nichtmetall-Ion vorliegt, spricht man von einem Salz.

4: **Nein.** Dies ist keine Analyse, sondern eine Redox-Reaktion.
Das Kaliumnitrat wirkt als Oxidationsmittel und oxidiert die Protein- und Zuckermoleküle (Reduktionsmittel) des Gummibärchens.

**Aufgabe 3**

*Ein Gemisch aus Wasser und Kochsalz kann durch kräftiges Erhitzen getrennt werden, ein Gemisch aus Eisen und Schwefel nicht.*
*Erkläre und begründe diesen Sachverhalt unter Verwendung der chemischen Fachsprache.*

Ein flüssiges Gemisch aus Wasser und Kochsalz lässt sich durch Erhitzen trennen, da das Wasser an seinem Siedepunkt verdampft, wobei die Kochsalzkristalle zurückbleiben. Kochsalz verdampft erst wesentlich später. Dieses Trennungsverfahren ähnelt einer Destillation. Chemisch gesehen ist das Kochsalz im Wasser gelöst bzw. aquatisiert, sodass es in Form von Chlor-Anionen und Natrium-Kationen vorliegt. Diese Ionen bleiben beim Verdampfen des Wassers zurück und bilden (ohne die Wasserhülle – Hydrathülle – um sie herum) aufgrund der elektrischen Anziehung ein Salz.

Ein Eisen- und Schwefelgemisch liegt bei Raumtemperatur in fester Form vor. Beide Stoffe schmelzen erst bei höheren Temperaturen. Beim Erhitzen dieses Gemisches wird Aktivierungsenergie zugeführt, sodass es zu einer chemischen Reaktion zwischen Eisen und Schwefel kommt, wobei Eisensulfid entsteht.

**Aufgabe 4**

*a) Wodurch ist eine chemische Reaktion gekennzeichnet? Erläutere deine Aussage an einem selbstgewählten Beispiel.*

Eine chemische Reaktion ist die Reaktion zweier Stoffe miteinander, bei der es zu einer **Stoffumwandlung** kommt. Der neu entstandene Stoff lässt sich nicht mehr durch physikalische Verfahren trennen.

*b) Formuliere die Reaktion für die „Knallgasreaktion" (Wort- und Formelgleichung, Energiebeteiligung).*

Die Knallgasreaktion ist eine explosionsartige Reaktion von Wasserstoff mit Sauerstoff. Dabei wird Wasser gebildet:
$2\ H_2 + O_2 \rightarrow 2\ H_2O$

**Aufgabe 5**

*Wasser besitzt den Siedepunkt (Sdp.) von 100° C, Ethanol (Trinkalkohol) den Sdp. von 78°C.*
*Vor dir stehen drei unbeschriftete Fläschchen, in denen sich Wasser, Ethanol oder Schnaps (40% Ethanol, 60% Wasser) befinden. Beschreibe, wie du sicher herausfinden kannst, in welchem Fläschchen sich die jeweiligen Stoffe befinden (Geruchsproben sind nicht erlaubt).*

Da diese Stoffe unterschiedliche Siedepunkte haben, kann man sie anhand dieser unterscheiden. Zunächst einmal erhitzt man jeden der Stoffe auf 78°C. Die beiden Fläschchen, aus dem deutliche Verdampfungsspuren zu erkennen sind, enthalten zumindest teilweise Ethanol. Das übrige Fläschchen ist gefüllt mit Wasser.
Um Ethanol und Schnaps zu unterscheiden, kann man beide Fläschchen auf 78°C dauerhaft erhitzen. In einem Fläschchen wird etwas zurückbleiben, dies ist Wasser, das erst bei 100°C siedet.
Hinweis: Um die Stoffe nicht einfach verdampfen zu lassen, bietet es sich an, die Dämpfe wieder kondensieren zu lassen und damit wieder aufzufangen. Dies nennt sich dann Destillation.

# Vorabinformationen zu den Themengebieten der 2. Klassenarbeiten

## Verbrennung und Sauerstoff / Luft

Da das Feuer eine revolutionäre Erfindung des Menschen war und allgemein sowohl gefährlich, wie auch beeindruckend ist, wird die Herstellung und die Löschung eines Feuers früh im Chemieunterricht behandelt. Das Wichtigste bei der Entstehung eines Feuers ist, das Verbrennungsdreieck mit: Luft, Zündtemperatur und Brennstoff zu beachten.

Ein weiterer wichtiger Aspekt, der angesprochen wird, ist die höhere Reaktionsfreudigkeit mit zunehmendem Zerteilungsgrad.

Da Feuer nicht gezündet, sondern auch gelöscht werden müssen, werden die verschiedensten Löscharten für unterschiedliche Brände besprochen. So dürfen Metallbrände beispielsweise niemals mit Wasser und Kohlenstoffdioxid gelöscht werden. Die Vor- und Nachteile verschiedener Löschmethoden werden abgewogen.

## Chemische Reaktionen genauer betrachtet

Die chemische Reaktion steht im Gegensatz zum Thema „Mischen und Trennen", da bei einer Chemischen Reaktion, die Edukte andere Eigenschaften haben als das Produkt und nicht durch einfache Trennverfahren die Edukte wieder zurückgewonnen werden können. Es werden erste Reaktionsschemata eingeführt, bei denen eine Reaktion durch Wortgleichungen beschrieben werden.

Die Energetik wird in Form von exothermen und endothermen Reaktionen in den entsprechenden Diagrammen behandelt. Bei exothermen Reaktionen, wird Energie freigesetzt, wohingegen bei endothermen Reaktionen mehr Energie gebraucht, als freigesetzt wird. Dazu wird das Gesetz der Erhaltung der Masse eingeführt. Durch die Einführungen von Verhältnisformeln, kann von Reaktionsschemata und Wortgleichungen zu Reaktionsgleichungen übergegangen werden, die bis zum Ende der Schule eine große Rolle spielen.

Das Mol wird zusammen mit der molaren Masse in Verbindung mit der Reaktionsgleichung beigebracht. Da das Mol die Verbindung zwischen der abstrakten Reaktionsgleichung und der realen Experimentdurchführung im Labor oder Unterricht stellt.

# 2. Klassenarbeit aus der Chemie

**Aufgabe 1**

0,74 l Mol eines unbekannten Stoffes besitzen eine Masse von 20,01 g. Berechne seine molare Masse und finde den Elementnamen.

**Aufgabe 2**

Berechne die Anzahl der Teilchen, die in der folgenden Stoffmenge, Masse bzw. Volumen unter Normbedingungen enthalten sind. Gib jeweils die entsprechende Teilchenart (Atom / Molekül / Elementargruppe) an.

a) 11 Mol Chlor

b) 1008 l Ammoniak

c) 124 g Silber(I)-Sulfid

**Aufgabe 3**

Die Moleküle einer Verbindung haben die Masse 142,32 u und bestehen nur aus Kohlenstoff und Wasserstoffatomen. Man weiß, dass die Moleküle die Zusammensetzung $C_nH_{2n+2}$ haben. Ermittle die chemische Formel der Verbindung.

**Aufgabe 4**

Berechne die Masse, die 10,84 l Kohlenstoffdioxid unter Normbedingungen besitzen.

**Aufgabe 5**

Gib an, wie durch Veränderung der Umweltbedingungen das Volumen einer Gasportion erhöht werden kann.

**Aufgabe 6**

Ein 70 kg schwerer Mensch braucht in Ruhelage ca. 300 ml Sauerstoff pro Minute.

a) Errechne wie viel Mol Sauerstoff eine Person pro Tag braucht.

b) Stelle die Reaktionsgleichung für den Stoffwechsel auf.
(Vereinfacht wird angenommen, dass nur Glucose mit der Summenformel $C_6H_{12}O_6$ verstoffwechselt wird.)

**Viel Erfolg!**

Lösung Klassen-
arbeit 2.1

# Lösung Klassenarbeit 2.1

## Aufgabe 1

*0,74 l Mol eines unbekannten Stoffes besitzen eine Masse von 20,01 g. Berechne seine molare Masse und finde den Elementnamen.*

Gegeben ist die Stoffmenge von n = 0,741 mol und die Masse von m=20,01 g. Die molare Masse berechnet sich über

$$M = \frac{m}{n} = \frac{20{,}01g}{0{,}741\,mol} = 27{,}004\,\frac{g}{mol}$$

Die molare Masse entspricht etwa der molaren Masse von Aluminium, dies ist das gesuchte Element.

## Aufgabe 2

*Berechne die Anzahl der Teilchen, die in der folgenden Stoffmenge, Masse bzw. Volumen unter Normbedingungen enthalten sind. Gib jeweils die entsprechende Teilchenart (Atom / Molekül / Elementargruppe) an.*

**Tipps und Tricks**
„M", die molare Masse kann ganz leicht aus dem Periodensystem abgelesen werden. Es ist der Wert der Atommasse in $\frac{g}{mol}$. Besteht ein Teilchen aus mehreren Atomen oder verschiedenen Elementen, muss die Anzahl, in der die Elemente vorkommen berücksichtigt werden.

*a) 11 Mol Chlor*

Die Stoffmenge beträgt 11 mol.
Die Teilchenanzahl der $Cl_2$-Moleküle ist über die Avogadro-Konstante mit der Stoffmenge verknüpft:

$$N_A = 6{,}022 \cdot 10^{23}\frac{1}{mol}$$

$$N = N_A \cdot n = 6{,}022 \cdot 10^{23}\frac{1}{mol} \cdot 11mol = 6{,}624 \cdot 10^{24}$$

Die Teilchenanzahl einer gewissen Stoffmenge ist immer gleich und damit stoffunabhängig.

*b) 1008 l Ammoniak*

Das Volumen ist unter Normbedingungen 1008 l. Ammoniak $NH_3$ kommt molekular vor.
Das Volumen ist über die Stoffmenge mit dem Normvolumen verbunden:

$$V_m = 22{,}4\,\frac{l}{mol}$$

$$n = \frac{V}{V_m} = \frac{1008\,l}{22{,}4\,\frac{l}{mol}} = 45\,mol$$

Die Teilchenanzahl ist über die Avogadro-Konstante mit der Stoffmenge verknüpft:

$$N_A = 6{,}022 \cdot 10^{23}\frac{1}{mol}$$

$$N = N_A \cdot n = 6{,}022 \cdot 10^{23}\frac{1}{mol} \cdot 45\,mol = 2{,}710 \cdot 10^{25}$$

Auch hier wird der Stoff selbst nicht benötigt, die Teilchenanzahl in einem idealen Gas eines bestimmten Volumens ist immer gleich und daher stoffunabhängig.

*c) 124 g Silber(I)-Sulfid*

Die Masse des Silbersulfids $Ag_2S$ beträgt m=124 g.

Hier wird die molare Masse der Verbindung benötigt, diese Berechnung ist also nicht stoffunabhängig. Die Teilchenart ist eine Elementargruppe.
Die molare Masse wird bestimmt als Summe der Atommassen der im Molekül enthaltenen Atome.
$M(Ag_2S)$=2 *M(Ag) + M(S)= (2*107,868 + 32,066)$\frac{g}{mol}$=247,802$\frac{g}{mol}$
Die Stoffmenge ist wie in Aufgabe 1) mit der Masse und der molaren Masse verknüpft:

$$n = \frac{m}{M} = \frac{124g}{247{,}802\frac{g}{mol}} = 0{,}500\,mol$$

Die Teilchenanzahl ist über die Avogadro-Konstante mit der Stoffmenge verknüpft:

$$N_A = 6{,}022 \cdot 10^{23}\frac{g}{mol}$$

$$N = N_A \cdot n = 6{,}022 \cdot 10^{23}\frac{g}{mol} \cdot 0{,}5\,mol = 3{,}011 \cdot 10^{23}$$

**Aufgabe 3**

*Die Moleküle einer Verbindung haben die Masse 142,32 u und bestehen nur aus Kohlenstoff und Wasserstoffatomen. Man weiß, dass die Moleküle die Zusammensetzung $C_nH_{2n+2}$ haben. Ermittle die chemische Formel der Verbindung.*

**Tipps und Tricks**
Gegeben sind die molare Masse und die Zusammensetzung. Auf n Kohlenstoffatome kommen 2n + 2 Wasserstoffatome.
Die molare Masse berechnet sich also über

$$n \cdot M(C) + (2n + 2) \cdot M(H) = M(x)$$

Die molaren Massen betragen:
M(C)=12,01 u
M(H)=1,01 u

Also gilt:

$$n \cdot 12{,}01\,u + (2n + 2) \cdot 1{,}01u = 142{,}32u$$

Ausmultiplizieren und u kürzen:

$$12{,}01n + 2{,}02n + 2{,}02 = 142{,}32$$
$$14{,}03n = 140{,}30$$
$$n = \frac{140{,}30}{14{,}03} = 10$$

Damit erhält man die Formel $C_{10}H_{22}$

**Aufgabe 4**

*Berechne die Masse, die 10,84 l Kohlenstoffdioxid unter Normbedingungen besitzen.*

Das Volumen ist $V(CO_2)$=10,84 l.
Das Volumen ist über die Stoffmenge mit dem Normvolumen verbunden:

$$V_m = 22{,}4\,\frac{l}{mol}$$

$$n = \frac{V}{V_m} = \frac{10{,}84\,l}{22{,}4\,\frac{l}{mol}} = 0{,}48\,mol$$

Die Stoffmenge ist wie in Aufgabe 1) mit der Masse und der molaren Masse verknüpft.
Die molare Masse von $CO_2$ ist:

$M(CO_2) = M(C)+2M(O) = (12{,}01+2*16{,}00)\frac{g}{mol} = 44{,}01\frac{g}{mol}$

$$m = n \cdot M = 0{,}48\, mol \cdot 44{,}01\frac{g}{mol} = 21{,}125\frac{g}{mol}$$

**Aufgabe 5**

*Gib an, wie durch Veränderung der Umweltbedingungen das Volumen einer Gasportion erhöht werden kann.*

**Tipps und Tricks**
Das Volumen eines idealen Gases hängt über eine Konstante R mit der Stoffmenge n und dem Umgebungsdruck p sowie der Temperatur T zusammen.
Die universelle Gasgleichung lautet

$$p \cdot V = R \cdot n \cdot T$$

Umformung der universellen Gasgleichung ergibt:

$$\frac{p \cdot V}{T} = R \cdot n = const.$$

Das Volumen ist also direkt proportional zur Temperatur und indirekt proportional zum Umgebungsdruck.
Erhöht man also die Temperatur und oder senkt den Druck, so erhöht sich das Gasvolumen bei gleichbleibender Stoffmenge.

**Aufgabe 6**

*Ein 70 kg schwerer Mensch braucht in Ruhelage ca. 300 ml Sauerstoff pro Minute.*

*a) Errechne wie viel Mol Sauerstoff eine Person pro Tag braucht.*

*b) Stelle die Reaktionsgleichung für den Stoffwechsel auf.*
*(Vereinfacht wird angenommen, dass nur Glucose mit der Summenformel $C_6H_{12}O_6$ verstoffwechselt wird.)*

a)

**Tipps und Tricks**
Das Volumen muss immer vorher in Liter umgerechnet werden, bevor der Wert in eine Gleichung eingesetzt werden kann. Das gleiche gilt auch für die Masse, die für die Rechnung immer in Gramm umgerechnet werden muss.

300 ml Sauerstoff pro Minute. Das Volumen ist unter Normbedingungen 0,3 l. Sauerstoff hat die Summenformel: $O_2$. Das Volumen ist über die Stoffmenge mit dem Normvolumen verbunden:

$$V_m = 22{,}4\frac{l}{mol}$$

$$\frac{V}{V_m} = n = \frac{0{,}3l}{22{,}4\frac{l}{mol}} = 0{,}013 \text{ mol (Sauerstoff)}$$

Eine Stunde hat 60 Minuten und ein Tag hat 24 Stunden.

$$0{,}013\frac{mol}{min} * 60\,\frac{min}{h} * 24\frac{h}{Tag} = 18{,}72 \text{ mol (Sauerstoff pro Tag)}$$

b)

**Tipps und Tricks**
Auf beiden Seiten des Reaktionspfeiles muss die Summe der einzelnen Elemente, sowie die Summe der Ladungen gleichbleiben.
Bsp. $NaCl \rightarrow Na^+ + Cl^-$ die Summe der einzelnen Elemente bleibt gleich und die Summe der Ladungen bleibt auch gleich.
So nicht: $H_2O \rightarrow H_3O^+$ weder die Summe der Ladungen noch der Teilchen blieb gleich.

**Merke!**
Bei der Verbrennung von organischen Kohlen-Wasserstoffverbindungen wird immer Kohlenstoffdioxid und Wasser frei.

1. Gehe zuerst von der Anzahl der Kohlenstoffatome des Eduktes aus und passe das Kohlenstoffdioxid an.
2. Gehe nun von den Wasserstoffatomen des Eduktes aus und passe das Wasser auf der Produktseite an.
3. Passe nun die für die Verbrennung benötigten Sauerstoffmoleküle an.
4. Geht nicht auf? Erweitere die Anzahl der Kohlen-Wasserstoffverbindung mach alles noch einmal.

$$C_6H_{12}O_6 + 6\,O_2 \rightarrow 6\,H_2O + 6\,CO_2$$

# 2. Klassenarbeit aus der Chemie

**Aufgabe 1**

Vieles kann brennen, wenn man es stark genug erhitzt.

a) Können Stoffe in allen Aggregatzuständen zum Brennen gebracht werden? Wenn ja, nenne zu jedem Aggregatzustand ein Beispiel.

b) Auf den gezeigten Bildern wird der gleiche Stoff zum Brennen gebracht. Stelle einen Bezug zum Zerteilungsgrad her.

*Glimmender Holzklotz*

*Brennende Holzspäne*

*Holzstaubexplosion*

**Aufgabe 2**

Laut dem Energieerhaltungssatz von Einstein kann Energie nicht zerstört werden, sondern nur umgewandelt werden.

a) Welche Enegieformen werden bei der Reaktion von Kohlenstoff mit Sauerstoff ineinander umgewandelt?

b) Zeichne und beschrifte ein Energiediagramm für die Verbrennung von Kohlenstoff und Sauerstoff zu Kohlenstoffdioxid.

**Aufgabe 3**

Die Anwesenheit einiger potentiell gefährlicher Gase kann nicht durch das bloße Auge bestimmt werden. Dafür müssen chemische Nachweise durchgeführt werden.

Beschreibe die Durchführung (unter Angabe einer Reaktionsgleichung), Beobachtung und Relevanz des Nachweises für Kohlenstoffdioxid und Wasserstoff.

**Aufgabe 4**

Einige Metalle sind reaktiver als andere. So bilden unedle Metalle wie Eisen und Magnesium leichter Oxide und andere Salze als edle Metalle wie Gold und Platin.

Magnesium ist ein Element, welches mit einer hellen Flamme abbrennt.

a) Stelle dazu das passende Reaktionsschema auf.

b) Eisen reagiert mit einem gelben Stoff zu Eisensulfid. Stelle auch dazu das Reaktionsschema auf.

**Aufgabe 5**

a) Definiere die Stoffmenge „Mol".

b) Definiere das „Molvolumen".

c) Wie viele Moleküle Kohlenstoffdioxid sind in 22,4 Liter $CO_2$ enthalten (bei Normbedingungen)?

d) Wie viele Mol $CO_2$ sind in 100 Gramm Kohlenstoffdioxid enthalten? (Rechengang muss ersichtlich sein; vergiss die Einheiten nicht!)

**bitte wenden!**

**Aufgabe 6**

Formuliere jeweils die Wort- und die chemische Symbolgleichung für die nachfolgend angegebenen chemischen Reaktionen und gib den Reaktionstyp an.

a) Lithium wird verbrannt.

b) Bei Belichtung zerfällt Silber(I)-Chlorid in die Elemente.

**Viel Erfolg!**

# Lösung Klassenarbeit 2.2

**Aufgabe 1**

*Vieles kann brennen, wenn man es stark genug erhitzt.*

a) *Können Stoffe in allen Aggregatzuständen zum Brennen gebracht werden? Wenn ja, nenne zu jedem Aggregatzustand ein Beispiel.*

**Tipps und Tricks**

- Der Aggregatzustand beeinflusst den die Brennbarkeit eines Stoffes nur minimal.
- Ob ein Stoff gut brennt, hängt primär von der chemischen Energie der Verbindung ab und von der benötigten Aktivierungsenergie, also der Energiemenge, die gebraucht wird, um eine Reaktion zu starten.
- Sauerstoff hat viel chemische Energie und ist dadurch brandfördernd. Auch im flüssigen Aggregatzustand bei −183 °C brennt der Stoff gut... sogar besser, da mehr Sauerstoffmoleküle mit viel chemischer Energie auf einem kleinen Raum konzentriert sind.

**Lösung:** Ja Stoffe in allen Aggregatzuständen können brennen. So brennt beispielsweise Holz, als Vertreter der Feststoffe sehr gut, aber auch Alkohol (Ethanol), als Vertreter der Flüssigkeiten brennt gut. Es gibt auch leicht entzündbare Gase wie Methan (Erdgas) oder Propangas, die beispielsweise dafür sorgen, dass ein Campingkocher funktioniert.

b) *Auf den gezeigten Bildern wird der gleiche Stoff zum Brennen gebracht. Stelle einen Bezug zum Zerteilungsgrad her.*

**Tipps und Tricks**

- Damit ein Feuer gut brennen kann, braucht es folgendes: Brennstoff, Sauerstoff und Hitze. Fehlt eines der drei, kann ein Feuer nicht brennen.
- Sauerstoff kann nur an der Oberfläche zum Brennstoff gelangen. Wird der Brennstoff zerkleinert, so erhöht sich seine Oberfläche, da Brennstoffteilchen, die vorher im Inneren des Brennstoffes sich befanden, nun an einer neuen Oberfläche sind, an die Sauerstoff gelangen kann.

**Lösung:** Auf den Bildern ist der gleiche Brennstoff, nämliche Holz, gezeigt. Zu unterscheiden ist das unterschiedliche Brandverhalten. Der große Holzblock brennt verglichen mit den anderen Holzformen am geringsten. Das liegt daran, dass er den niedrigsten Zerteilungsgrad hat und somit wenig effektive Oberfläche für einen starken Brand hat. Je höher der Zerteilungsgrad ist, desto leichter brennt ein Stoff. Das ist beim Holzstaub sogar so stark ausgeprägt, dass es hierbei zu einer Explosion kommt.

**Aufgabe 2**

*Laut dem Energieerhaltungssatz von Einstein kann Energie nicht zerstört werden, sondern nur umgewandelt werden.*

a) *Welche Enegieformen werden bei der Reaktion von Kohlenstoff mit Sauerstoff ineinander umgewandelt?*

**Tipps und Tricks**

- Bei chemischen Reaktionen wird zwischen xxothermen und endothermen Reaktionen unterschieden.
- Bei exothermen Reaktionen wird mehr Energie freigesetzt als in Form von Aktivierungsenergie hineingesteckt wird.

- Bei endothermen Reaktionen ist die Aktivierungsenergie größer als die freiwerdende Energie.
- In der Schulchemie sind folgende Formen von Energie besonders häufig vertreten: chemische Energie, Wärmeenergie und elektrische Energie.
- Ein Brand ist ein Beispiel für eine exotherme Reaktion, bei der die chemische Energie der Reaktionspartner in Wärmeenergie umwandelt wird, die an die Umgebung abgegeben wird.

**Lösung:** Es wird die chemische Energie, die in den Bindungen zwischen den Kohlenstoffatomen untereinander und zwischen den Sauerstoffatomen untereinander vorkommt, in Wärmeenergie gewandelt. Da die neugeknüpfte Kohlenstoff-Sauerstoffbindung weniger chemische Energie beinhaltet als die vorherigen Kohlen-Kohlenstoff und Sauerstoff-Sauerstoffbindungen. Die Differenz ist entspricht der abgegebenen Wärmeenergie.

*b) Zeichne und beschrifte ein Energiediagramm für die Verbrennung von Kohlenstoff und Sauerstoff zu Kohlenstoffdioxid.*

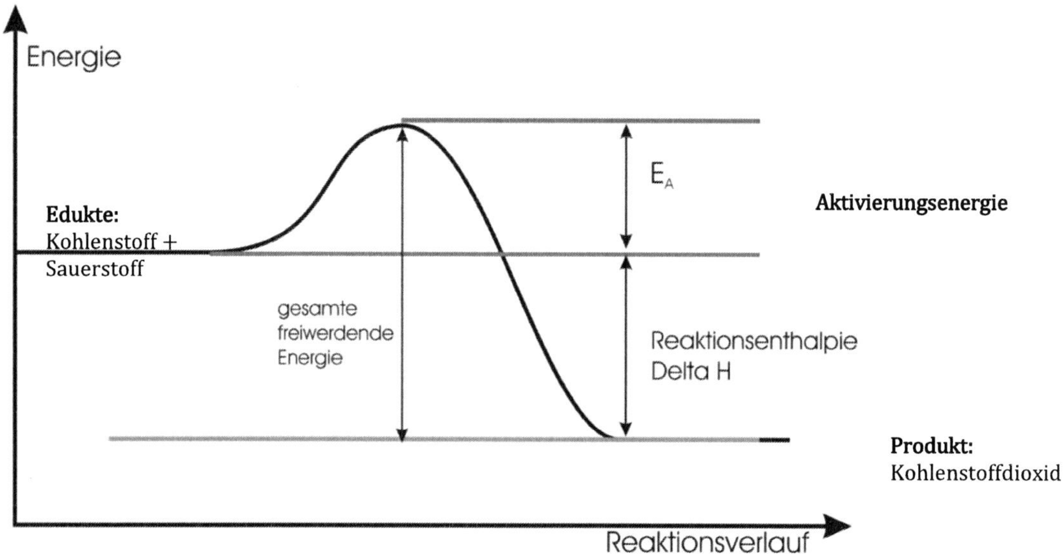


### Aufgabe 3

*Die Anwesenheit einiger potentiell gefährlicher Gase kann nicht durch das bloße Auge bestimmt werden. Dafür müssen chemische Nachweise durchgeführt werden.*
*Beschreibe die Durchführung (unter Angabe einer Reaktionsgleichung), Beobachtung und Relevanz des Nachweises für Kohlestoffdioxid und Wasserstoff.*

**Tipps und Tricks**

- Nachweisreaktionen sind Reaktionen, bei denen ein optisch nicht erkennbarer Stoff oder eine Verbindung eine Reaktion eingeht, die abhängig von der An- oder Abwesenheit der Verbindung ein optisch deutlich erkennbares Ergebnis erkennen lässt.
- Beim Kohlenstoffdioxid wird die geringe Löslichkeit der Carbonate (Verbindungen, die entfernt mit dem Kohlenstoffdioxid verwandt sind) genutzt.
- Beim Wasserstoff wird die hohe chemische Energie des Gases genutzt.

Für den Kohlenstoffdioxid-Nachweis muss eine Calciumhydroxid-Lösung frisch angesetzt werden, indem festes Calciumhydroxid in Wasser gelöst wird und am besten noch gefiltert wird. Anschließend, wird die Gasprobe durch ein Winkelrohr in die Calcium-hydroxid-Lösung geleitet.

Wenn eine Trübung auftritt, ist der Nachweis nach Kohlenstoffdioxid positiv. Die Reaktionsgleichung lautet: $CO_2 + Ca(OH)_2 \rightarrow CaCO_3 \downarrow + H_2O$

Für den Wasserstoffnachweis wird das Gas in ein nach unten geöffnetem Reagenzglas geleitet und schräg gehalten. Wenn nach dem Anzünden der Gasprobe eine kleine Explosion stattfindet, handelte es sich bei dem Gas um Wasserstoff. Als Beobachtung kann noch beschrieben werden, dass feines Wasserkondensat an der Reagenzglas-Innenseite zu sehen ist.
Die Reaktionsgleichung lautet: $2\ H_2 + O_2 \rightarrow 2\ H_2O$

**Aufgabe 4**

*Einige Metalle sind reaktiver als andere. So bilden unedle Metalle wie Eisen und Magnesium leichter Oxide und andere Salze als edle Metalle wie Gold und Platin.*
*Magnesium ist ein Element, welcher mit einer hellen Flamme abbrennt.*

**Tipps und Tricks**
- Oxide sind Verbindungen die Oxid-Ionen beinhalten.
- Oxid-Ionen haben die Formel: $O^{2-}$ und ist ein Produkt der Reduktion von Sauerstoff.
- Sauerstoff wird in chemischen Reaktionen von vielen Stoffen reduziert. Eine dieser Reaktionen ist die Verbrennung, bei der der in der Luft enthaltene Sauerstoff exotherm mit einem anderen Stoff reagiert.

a) *Stelle dazu das passende Reaktionsschema auf.*

**Lösung**: Sauerstoff + Magnesium → Magensiumoxid

b) *Eisen reagiert mit einem gelben Stoff zu Eisensulfid. Stelle auch dazu das Reaktionsschema auf.*

**Tipps und Tricks**
Aus dem Namen des Salzes lässt sich einfach auf die Edukte schließen. So fängt der Name des Salzes immer mit dem Kation an, welches bei einfachen Salzen immer ein Metall ist. Der zweite Teil des Salzes gibt an, um welches Anion es sich handelt. Bei einfachen binären Salzen ist das ein Nichtmetall.
So können Fluoride aus der Reaktion mit Fluor hergestellt werden, Chloride aus der Reaktion mit Chlor usw. Bei Sauerstoff, Stickstoff und Schwefel wird auf die lateinischen Begriffe: Oxygenium, Nitrogenium und Sulfur zurückgegriffen.

**Lösung**: Eisen + Schwefel → Eisensulfid

**Aufgabe 5**

*a) Definiere die Stoffmenge „Mol".*

**Tipps und Tricks**
- Die **Stoffmenge**, Formelzeichen **„n"**, wird gemessen in der Einheit **„mol"**. Ein Mol eines Stoffes enthält immer die gleiche Teilchenzahl (ca. $6 \times 10^{23}$) dieses Stoffes. Ein Element enthält dementsprechend $6 \times 10^{23}$ Atome, eine Verbindung hingegen $6 \times 10^{23}$ Moleküle, geladene Stoffe $6 \times 10^{23}$ Ionen.
- Die **Avagadro-Konstante** ist nach dem Chemiker Amedeo Avogadro genannt, der sich im 18. Jahrhundert mir der Erforschung von Gasen hinsichtlich ihrer Eigenschaften bei verschiedenen Drücken und Temperaturen beschäftigte.

1 Mol eines Stoffes ist definiert als $N_A = 6{,}022 \cdot 10^{23} \frac{1}{mol}$, also enthält ein Mol $6{,}022 \cdot 10^{23}$ Teilchen. Diese Konstante heißt die Avagadro-Konstante.



*b) Definiere das „Molvolumen".*

**Tipps und Tricks**
Normbedingungen sind definiert als 0°C und 1013 hPa Atmosphärendruck.

Das Molvolumen ist das Volumen eines Gases mit der Stoffmenge ein Mol, also genau $6{,}022 \cdot 10^{23}$ Teilchen. Bei Normbedingungen ist dieses Volumen eines idealen Gases das sogenannte Normvolumen $\mathbf{V_m = 22,4\ \frac{l}{mol}}$.

*c) Wie viele Moleküle Kohlenstoffdioxid sind in 22,4 Liter $CO_2$ enthalten (bei Normbedingungen)?*

Gegeben: $V = 22{,}4\ l$, Normbedingungen
Gesucht: $N = ?$

Hier wendet man die Definition des Normvolumens an. Bei Normbedingungen berechnet sich die Stoffmenge des Stoffes aus seinem Volumen wie folgt:

$V_m = 22{,}4 \frac{l}{mol}$ für ein Mol

Das Volumen ist entsprechend eines Vielfachen des Normvolumens, man multipliziert dieses mit der Stoffmenge: $V = V_m \cdot n$

Umgestellt ergibt sich: $n = \frac{V}{V_m}$

Das ist hier genau:

$$n = \frac{V}{V_m} = \frac{22{,}4\ l}{22{,}4\ \frac{l}{mol}} = 1\ mol$$

Die Teilchenzahl N erhält man aus der Stoffmenge n über folgende Beziehung:

$$N = N_A \cdot n$$

Hier ergibt sich:

$$\mathbf{N = N_A \cdot n = 6,022 \cdot 10^{23} \frac{1}{mol} \cdot 1\ mol = 6,022 \cdot 10^{23}}$$

*d) Wie viele Mol $CO_2$ sind in 100 Gramm Kohlenstoffdioxid enthalten? (Rechenweg muss ersichtlich sein; vergiss die Einheiten nicht!)*

Gegeben: $m(CO_2) = 100\ g$
Gesucht: $n(CO_2) = ?$

**Tipps und Tricks**
Hier benötigt man die Definition der molaren Masse M. Diese Masse ist definiert als die Masse eines Teilchens. Die molare Masse wird in der Einheit u oder $\frac{g}{mol}$ angegeben. Die molare Masse eines Moleküls ergibt sich aus den molaren Massen der Einzelbausteine, also der Atome in dem Molekül, die Werte der Atommassen lassen sich aus dem Periodensystem der Elemente entnehmen.

$$\text{Stoffmenge} = \frac{\text{Masse (g)}}{\text{molare Masse } (\frac{g}{mol})} \qquad n = \frac{m}{M}$$

Die molare Masse von Kohlenstoffdioxid berechnet sich also als Summe der Atommasse von Kohlenstoff und zweimal der Atommasse von Sauerstoff:

$$M(CO_2) = M(C) + 2 \cdot M(O) = 12\frac{g}{mol} + (2 \cdot 16)\frac{g}{mol} = (12 + 32)\frac{g}{mol} = 44\frac{g}{mol}$$

Es gilt folgender Zusammenhang zwischen der Masse, der molaren Masse und seiner Stoffmenge: $n = \frac{m}{M}$

Somit erhält man hier:

$$\mathbf{n(CO_2) = \frac{m(CO_2)}{M(CO_2)} = \frac{100\ g}{44\frac{g}{mol}} = 2,272727 \ldots\ mol \approx 2,27\ mol}$$

Wie in der Physik auch,wird das Endergebnis auf die größte Anzahl der verwendeten signifikanten Stellen gerundet, das ist hier 3, da die Masse mit 100 g 3 signifikante Stellen besitzt.

**Aufgabe 6**

*Formuliere jeweils die Wort- und die chemische Symbolgleichung für die nachfolgend angegebenen chemischen Reaktionen und gib den Reaktionstyp an.*

**Tipps und Tricks**

Soweit nicht anders angegeben, lassen sich die Wertigkeiten der Elemente regelmäßig aus der jeweiligen Hauptgruppen-Nummer ableiten.

1. Wenn man eine Gleichung aufstellt, muss man zunächst die Einzelverbindungen in Formelsprache mithilfe der Wertigkeiten formulieren (analog Aufgabe 3).
2. Anschließend stellt man eine unausgeglichene Gleichung auf, indem man die Edukte, dann einen Reaktionspfeil, dann die Produkte hinschreibt.
3. Nun wird die Gleichung ausgeglichen, sodass von jeder Atomsorte auf jeder Seite die gleiche Anzahl vorhanden ist. Dies muss so sein, da Atome bei einer chemischen Reaktion nicht zerstört werden, also erhalten bleiben. Außerdem wird grundsätzlich davon ausgegangen, dass keinerlei Teilchen „verloren" gehen, sie werden also auch mitgezählt, selbst wenn ein Gas entsteht, das aus einem Versuchsaufbau entweicht. Dazu ist noch zu beachten, dass die Summe aller Ladungen vor und hinter dem Reaktionspfeil sich nicht verändert und ebenfalls ausgeglichen ist.

Man unterscheidet folgende **Reaktionsarten.**

- Synthese: Zwei oder mehr Verbindungen oder Elemente vereinigen sich zu einer Verbindung.
- Lyse: Eine Verbindung wird in ihre Bestandteile gespalten.
- Umsetzung: Zwei oder mehr Edukte reagieren zu zwei oder mehr Produkten.

*a) Lithium wird verbrannt.*

**Tipps und Tricks**

Hier braucht man noch das Zusatzwissen, dass eine Verbrennung eine Reaktion mit Sauerstoff ist.
Es gibt Elemente, sogenannte Molekülelemente, die elementar nie monoatomar vorkommen.
Folgende Elemente sind Molekülelemente: H O N Cl Br I F
Merksprüche:

- Honclbrief klingt so ähnlich wie ein Brief vom Onkel
- HNO im 7. Stock (Cl, Br, I, F sind Elemente der 7. Hauptgruppe)

Molekülelemente kommen elementar also immer mit einem Index von 2 vor, das ist für das Aufstellen von Reaktionsgleichungen von äußerst wichtiger Bedeutung!

1. Namen der Verbindung:
   Edukte:
   Elementares **Lithium**, also einfach **Li.**
   **Sauerstoff** kommt, da er ein Molekülelement ist, nicht monoatomar vor, sondern nur als $O_2$.
   Produkte:
   Hier entsteht eine Verbindung aus **Lithium** und **Sauerstoff**. Da Lithium in der 1. Hauptgruppe steht, hat dieses eine Wertigkeit von I, Sauerstoff hat die Wertigkeit II. Daher lautet die Verbindung $Li_2O$. (Zur Aufstellung der Verbindungsformel siehe Aufgabe 3 und die Erklärungen zur Kreuzregel)
2. Aufstellen der unausgeglichenen Gleichung:
   $Li + O_2 \rightarrow Li_2O$
3. Ausgleichen der Reaktionsgleichung:
   Eduktseite zweimal Sauerstoff, Produktseite nur einmal, also multipliziere Lithiumoxid mit 2.
   $Li + O_2 \rightarrow \mathbf{2}\, Li_2O$
   Nun ist das Lithium-Ion auf der Produktseite viermal vorhanden, auf der Eduktseite ist jedoch nur ein Lithiumatom, daher multipliziere Lithium mit 4.
   $\mathbf{4}\, Li + O_2 \rightarrow 2\, Li_2O$

Da bei dieser Reaktion eine Verbindung aus zwei Edukten entsteht, handelt es sich um eine **Synthese.**

*b) Bei Belichtung zerfällt Silber(I)-Chlorid in die Elemente.*

**Tipps und Tricks**

- Die Information, dass Licht nötig ist, kann man durch ein „UV" für ultraviolettes Licht, also hochenergetisches Licht, über dem Reaktionspfeil kennzeichnen, das muss man aber nicht.
- Die römischen Ziffern in Klammer oben beschreibt hier die Wertigkeit, die du zum Aufstellen der Verbindungsformel benutzt.

1. Namen der Verbindung:
   Edukte:
   **Silber(I)-Chlorid**. Das Silber ist also einwertig, das Chlorid ist auch einwertig. Daher erhält man einfach **AgCl.**

Lösung Klassenarbeit 2.2

Produkte: Das Silber-Chlorid zerfällt in seine Elemente, also entstehen **Silber** (Ag) und **Chlor**. Da Chlor ein Molekülelement (*HNO im 7. Stock*) ist, wie in Tipps und Tricks beschrieben also nicht monoatomar vorkommt, entsteht **$Cl_2$**.

2. Aufstellen der unausgeglichenen Gleichung:
   $AgCl \rightarrow Ag + Cl_2$

3. Ausgleichen der Reaktion:
   Das Chlorid-Ion kommt auf der Eduktseite nur einmal vor, auf der Produktseite kommt das Chloratom zweimal vor, daher multipliziere Silber-Chlorid mit 2.
   $\mathbf{2}\ AgCl \rightarrow Ag + Cl_2$
   Nun kommt das Silber-Ion zweimal auf der Eduktseite und nur einmal kommt das Silberatom auf der Produktseite vor. Daher multipliziere das elementare Silber mit 2.
   $2\ AgCl \rightarrow \mathbf{2}\ Ag + Cl_2$

Hier wird eine Verbindung in seine Bestandteile gespalten, es handelt sich also um eine **Lyse**.

# 2. Klassenarbeit aus der Chemie

**Aufgabe 1**

a) Die Feuerpatsche ist ein Löschmittel für kleinere Entstehungsbrände. Erkläre anhand des Branddreiecks, wie eine Feuerpatsche funktioniert.

b) Welche Funktion hat der Schaumteppich, der auf die Landebahn ausgebreitet wird, wenn ein Flugzeug eine Notlandung ohne Fahrgestell machen muss?

**Aufgabe 2**

Bei der Thermolyse von Silberoxid kann elementares Silber zurückgewonnen werden. Erkläre und ordne den Versuch ein unter Benutzung von Fachbegriffen und eines Energiediagramms.

**Aufgabe 3**

a) Wie kann man das Gas Kohlenstoffdioxid nachweisen? Reaktionsgleichung mit Stoffnamen sowie eine knappe Beschreibung der gemachten Beobachtung sind verlangt.

b) Unter welchen Bedingungen entsteht bei der Verbrennung von Kohlenstoff Kohlenstoffmonoxid? Formuliere die Reaktionsgleichung.

**Aufgabe 4**

a) Berechne die molare Masse von:

1. Natriumchlorid (NaCl)
2. Stickstoffdioxid ($NO_2$)
3. Glucose ($C_6H_{12}O_6$)

b) Berechne die Stoffmenge von:

1. 32 g Schwefeldioxid ($SO_2$)
2. 6,2 g Silbersulfid ($Ag_2S$)

c) Berechne die Masse von:

1. 5 Mol Wasser ($H_2O$)
2. 1,12 l Stickstoff ($N_2$)

**Aufgabe 5**

5,4 g Aluminium reagiert mit 9,6 g Schwefel vollständig.

a) Stelle dazu das Reaktionsschema auf.

b) Ermittle die Verhältnisformel von Aluminiumsulfid.

c) Stelle die Reaktionsgleichung auf.

**bitte wenden!**

**Aufgabe 6**

a) Gleiche folgende Reaktionsgleichungen aus.
   1. __KOH + __$H_2SO_4$ → __ $K_2SO_4$ + __$H_2O$
   2. __$FeS_2$ + __$O_2$ → __$Fe_2O_3$ + __$SO_2$

b) Schreibe folgende Wortgleichungen und Formelgleichungen an und gleiche aus.
   1. Eisen reagiert mit Sauerstoff zu Eisen(III)-oxid
   2. Wasserstoffchlorid reagiert mit Calciumcarbonat zu Calciumchlorid, Kohlenstoffdioxid und Wasser.
   3. Ethan wird zu Kohlenstoffdioxid und Wasser verbrannt.

**Aufgabe 7**

Um Wasserstoff mit Sauerstoff reagieren zu lassen, muss man zunächst kurzzeitig Energie zuführen, z.B. mit einer Kerzenflamme. Sobald die Reaktion dann in Gang kommt, wird ein beträchtlicher Energiebetrag frei. Man kann Wasserstoff aber auch bei Raumtemperatur zur Reaktion bringen, wenn man ihn gegen fein verteiltes Platin strömen lässt.

a) Formuliere die chemische Symbolgleichung der Reaktion.

b) Welchen Reaktionstyp hinsichtlich der Energetik lässt sich die obige Reaktion des Wasserstoffs zuordnen? Begründe deine Vermutung. Zeichne das passende beschriftete Energieschema mit und ohne Verwendung von Platin.

c) Erläutere die Rolle des Platins bei der Reaktion.

**Viel Erfolg!**

Lösung Klassen-arbeit 2.3

# Lösung Klassenarbeit 2.2

## Aufgabe 1

*a) Die Feuerpatsche ist ein Löschmittel für kleinere Entstehungsbrände. Erkläre anhand des Branddreiecks, wie eine Feuerpatsche funktioniert.*

*b) Welche Funktion hat der Schaumteppich, der auf die Landebahn ausgebreitet wird, wenn ein Flugzeug eine Notlandung ohne Fahrgestell machen muss?*

| **Tipps und Tricks** |
| --- |
| Das Branddreieck beschreibt, dass es für ein Feuer ein optimales Verhältnis von Sauerstoff, Hitze und Brandmittel braucht. Wird eines der 3 Aspekte vollständig entfernt, erlischt das Feuer. |

**Lösung:** a) Die Feuerpatsche ist ein Stab mit einem breiten, nicht brennbaren Ende. Damit kann ein kleiner Brand ausgestrichen werden, indem die Sauerstoffzufuhr solange unterbrochen wird, bis die Hitze nicht mehr ausreicht, um bei erneuter Sauerstoffzufuhr den Brand aufflammen zu lassen.
b) Der Schaumteppich ist eine vorbeugende Maßnahme der Feuerwehr. Das im Schaum befindliche Wasser könnte einem entstehenden Brand die Energie entziehen. Außerdem verhindert die Schaumdecke das Gelangen von Luftsauerstoff zum Brennstoff, sodass trotz der großen Reibung zwischen dem Flugzeug und dem Boden kein Brand entstehen kann.

## Aufgabe 2

*Bei der Thermolyse von Silberoxid kann elementares Silber zurückgewonnen werden.*
*Erkläre und ordne den Versuch ein unter Benutzung von Fachbegriffen und eines Energiediagramms.*

**Tipps und Tricks**

- „Lyse" ist der chemische Fachbegriff für die Spaltung einer Verbindung. Das Präfix beschreibt wodurch die Verbindung gespalten wurde.
- Hydrolyse: Eine durch Wasser hervorgerufene Spaltung. Beispielsweise bei der Spaltung von Kohlenhydraten im Mund.
- Thermolyse: Eine durch Hitze hervorgerufene Spaltung.
- Protolyse: Eine durch ein Proton, also durch eine Säure hervorgerufene Spaltung.

**Lösung:** Da für die Spaltung von Silberoxid Wärmeenergie gebraucht wird, kann die Reaktion als endotherme Reaktion klassifiziert werden. Das Edukt Silberoxid hat eine geringere chemische Energie als die Produkte Silber und Sauerstoff. Die Aktivierungsenergie muss durch die Brennerflamme gewährleistet werden.

Lösung Klassenarbeit 2.3

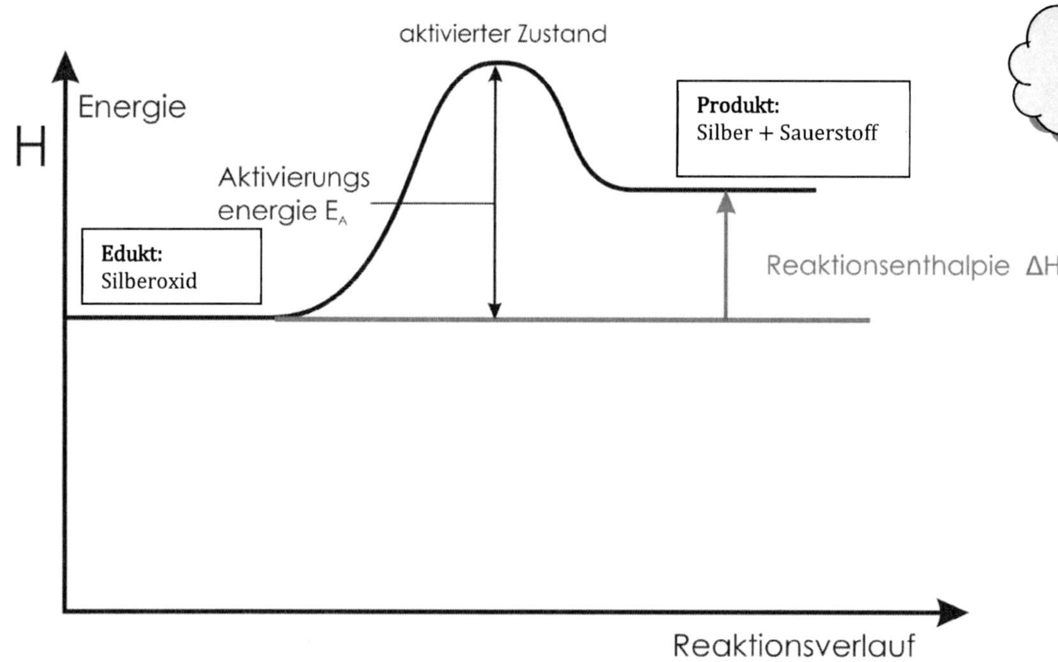


**Aufgabe 3**

*a) Wie kann man das Gas Kohlenstoffdioxid nachweisen? Reaktionsgleichung mit Stoffnamen sowie eine knappe Beschreibung der gemachten Beobachtung sind verlangt.*

> **Tipps und Tricks**
> Den experimentellen Vorgang sowie die Reaktionsgleichung der **Kalkwasserprobe** sollte der Schüler auswendig lernen!

Der Nachweis von Kohlenstoffdioxid geht über die sogenannte **Kalkwasserprobe**. Das Kohlenstoffdioxidgas wird in eine wässrige Calciumhydroxidlösung eingeleitet, dies führt zu einer Trübung der Lösung, da das Calciumhydroxid mit dem Kohlenstoffdioxid zu Wasser und Calciumcarbonat reagiert und letzteres (Kalk) als weißlicher Feststoff ausfällt.
Reaktionsgleichung:

$$\mathbf{CO_2 + Ca(OH)_2 \rightarrow H_2O + CaCO_3 \downarrow}$$

Der Pfeil hinter dem Calciumcarbonat in der Gleichung symbolisiert, dass ein Feststoff aus einer Lösung ausfällt.

*b) Unter welchen Bedingungen entsteht bei der Verbrennung von Kohlenstoff Kohlenmonoxid? Formuliere auch die Reaktionsgleichung.*

Zunächst stellt man die Reaktionsgleichungen einer Verbrennung von Kohlenstoff auf: Kohlenstoff kann sowohl zu Kohlenmonoxid reagieren als auch zu Kohlenstoffdioxid:

$$\mathbf{2\,C + O_2 \rightarrow 2\,CO}$$

$$\mathbf{C + O_2 \rightarrow CO_2}$$

Kohlenstoffmonoxid entsteht also bevorzugt dann, wenn mehr Kohlenstoff als Sauerstoff vorhanden ist.

> **Tipps und Tricks**
> **Kohlenmonoxid** (auch Kohlenstoffmonoxid genannt) ist ein tödliches Atemgift, da es sich, wenn es ins Blut gelangt, an das Hämoglobin bindet. Hämoglobin ist verantwortlich für den Sauerstofftransport. Ist bereits ein anderes Molekül daran gebunden, kann es keinen Sauerstoff mehr aufnehmen und man erstickt innerlich.

Lösung Klassenarbeit 2.3

**Aufgabe 4**

**Tipps und Tricks**
Das chemische Rechnen gehört zum Basiswissen in der Chemie. Die dazu benötigte Formel muss auswendig gelernt werden. Je nach Bedarf kann diese dann nach der gesuchten Komponente umgestellt werden.

$$\text{Stoffmenge } n = \frac{\text{Masse } m}{\text{molare Masse } M}$$

Die Einheit der Stoffmenge lautet Mol. Die Masse wird in der Chemie in Gramm (g) angegeben. Die molare Masse wird in g/Mol angegeben und kann mithilfe des Periodensystems berechnet werden.

*a1) Berechne die molare Masse von: Natriumchlorid (NaCl)*

Verbindungsformel nach der Kreuzregel: **NaCl**

**Tipps und Tricks**
Die Berechnung der molaren Masse M einer Verbindung funktioniert mithilfe des Periodensystems. Dabei hilft einem die mittlere Atommasse der vorkommenden Elemente. Diese Zahl steht im Periodensystem in der oberen Ecke über jedem Element.

*Beispiel:* *Die mittlere Atommasse von Sauerstoff beträgt 16u* $\rightarrow M(O) = 16\frac{g}{mol}$

*Die mittlere Atommasse von Wasserstoff beträgt 1u* $\rightarrow M(H) = 1\frac{g}{mol}$

Hier liegen elementare Stoffe vor, deren Formeln keinen Index enthalten.
Bei einer Verbindung muss man zusätzlich das Verhältnis der einzelnen Elemente zueinander berücksichtigen. Dieses kann man am Index in der Verbindung ablesen.

*Beispiel:* $H_2O$

*Wasser enthält zwei Wasserstoffteilchen und ein Sauerstoffteilchen.*

*Das Verhältnis von H zu O ist also 2 :1*

*Daher benötigt man für die molare Masse M von* $H_2O$:

$M(H_2O) = 2 \times 1\frac{g}{mol} + 16\frac{g}{mol} = \mathbf{18\frac{g}{mol}}$

Man addiert also bei komplexeren Verbindungen die einzelnen molaren Massen.

Ausrechnen der molaren Masse mithilfe des Periodensystems (wie man anhand der Verbindungsformel sieht, ist das Verhältnis der beiden Elemente 1 : 1):

$$M(NaCl) = 22{,}99\frac{g}{mol} + 35{,}45\frac{g}{mol} = \mathbf{58{,}44\frac{g}{mol}}$$

*a2) Berechne die molare Masse von: Stickstoffdioxid* ($NO_2$)

Ausrechnen der molaren Masse. Aufgepasst: Beachte, dass das Verhältnis von Stickstoff zu Sauerstoff hier 1: 2 vorliegt.

$$M(NO_2) = M(N) + 2 \cdot M(O_2) = 14{,}01\frac{g}{mol} + 2 \cdot 16{,}00\frac{g}{mol} = \mathbf{46{,}01\frac{g}{mol}}$$

*a3) Berechne die molare Masse von: Glucose* ($C_6H_{12}O_6$)

Bei dieser Aufgabe ist die Verbindungsformel bereits angegeben. Das Vorgehen zum Aufstellen der molaren Masse ergibt sich wieder aus den Verhältnissen der einzelnen Elemente zueinander.
Glucose: Wasserstoff: Sauerstoff 6: 12: 6

$$M(C_6H_{12}O_6) = 6 \cdot 12\frac{g}{mol} + 12 \cdot 1\frac{g}{mol} + 6 \cdot 16\frac{g}{mol} = \mathbf{180\frac{g}{mol}}$$

Lösung Klassen-arbeit 2.3

*b1) Berechne die Stoffmenge von: a. 32 g Schwefeldioxid ($SO_2$)*

Gegeben: $m(SO_2) = 32\ g$

Molare Masse: $M(SO_2) = M(S) + 2 \cdot M(O) = 32\frac{g}{mol} + 2 \cdot 16\frac{g}{mol} = 64\frac{g}{mol}$

Beachte das Verhältnis von Schwefel zu Sauerstoff = 1:2

Gesucht: Stoffmenge $n = \frac{m}{M}$

$n(SO_2) = \frac{m(SO2)}{M(SO2)} = \frac{32g}{64\frac{g}{mol}} = \mathbf{0{,}5\ Mol}$

*b2) Berechne die Stoffmenge von: b. 6,2 g Silbersulfid ($Ag_2S$)*

Gegeben: $m(Ag_2S) = 6{,}2\ g$

Berechnen der molaren Masse mithilfe der Stoffverhältnisse:

Ag: S = 2 : 1

$M(Ag_2S) = 2 \cdot M\ (Ag) + M(S) = 2 \cdot 107{,}87\frac{g}{mol} + 32{,}1\frac{g}{mol} = 247{,}84\frac{g}{mol} \approx 248\frac{g}{mol}$

Gesucht: $n(Ag_2S) \rightarrow n = \frac{m}{M}$

$n(Ag_2S) = m(Ag_2S)\ /M(Ag_2S) = \frac{6{,}2g}{248\frac{g}{mol}} = \mathbf{0{,}025\ Mol}$

*c1) Berechne die Masse von: 5 Mol Wasser ($H_2O$)*

**Tipps und Tricks**

Die Verbindungsformel oder auch Summenformel von Wasser sollte von jedem Schüler auswendig gewusst werden. Andernfalls lässt sich hier natürlich ebenfalls die Kreuzregel anwenden.

Bei dieser Aufgabe ist nach der Masse gefragt $\rightarrow m = n \times M$

Gegeben ist bereits die Stoffmenge n (man erkennt sie an der Einheit Mol).

Nun berechnet man die molare Masse von Wasser, wobei das Verhältnis berücksichtigt werden muss:

Wasserstoff: Sauerstoff 2: 1

$M\ (H_2O) = 2 \times M(H) + M(O) = 2 \times 1\frac{g}{mol} + 16\frac{g}{mol} = 18\frac{g}{mol}$

Berechne nun nach der obenstehenden Formel die Masse von Wasser:

**m ($H_2O$)** $= n\ (H_2O) \times M\ (H_2O) = 5\ mol \times 18\frac{g}{mol} = \mathbf{90\ g}$

*c2) Berechne die Masse von: 1,12 l Stickstoff ($N_2$)*

**Tipps und Tricks**

- Eine weitere wichtige Formel im chemischen Rechnen beinhaltet das Volumen:

  $$n = \frac{V}{Vm}$$

  Die Stoffmenge n ist bereits bekannt. V steht für das Volumen und wird in Liter (l) angegeben. $V_m$ kennzeichnet das molare Volumen mit der Einheit l/Mol.
- Für das chemische Rechnen muss man, wie hier, einmal um die Ecke denken, indem man erst die Stoffmenge durch das Volumen berechnet. Anschließend lässt sich dann die Masse berechnen.

Gegeben ist hier das Volumen von Stickstoff: $l\ (N_2) = 1{,}12\ l$

Zur Berechnung der Masse benötigen wir der Formel nach der molaren Masse von Stickstoff: $M\ (N_2) = 28\frac{g}{mol}$

Das molare Volumen $V_m$ ist liegt bei Standardbedingungen bei 22,4 l/Mol. Anwenden der obenstehenden Formel unter Standardbedingungen:

$$n(N)=\frac{V(N)}{Vm}=\frac{1{,}12l}{22{,}4l/mol}=0{,}05\ Mol$$

Nun berechnet man die Masse:

**m(N)**= n(N) x M(N) = 0,05 Mol x $28\frac{g}{mol}$ = **1,4 g**

**Aufgabe 5**

*5,4 g Aluminium reagiert mit 9,6 g Schwefel vollständig.*
*a) Stelle dazu das Reaktionsschema auf.*

**Lösung:** Aluminium + Schwefel → Aluminiumsulfid

*b) Ermittle die Verhältnisformel von Aluminiumsulfid.*

Gegebene Größen:
M(S) = 32,1 g/Mol
M(Al) = 27,0 g/Mol

Es gilt: $\frac{n\,(Al)}{n\,(S)}=\frac{m(Al)}{m\,(S)}\times\frac{M\,(S)}{M\,(Al)}=\frac{5{,}4\,g}{9{,}6\,g}\times\frac{32{,}1\,g/Mol}{27{,}0\,g/Mol}=\frac{2\,Mol}{3\,Mol}$

Die Verhältnisformel von Aluminiumsulfid lautet: $\mathbf{Al_2S_3}$.

*c) Stelle die Reaktionsgleichung auf.*

$$2\,Al+3\,S\ \rightarrow\ Al_2S_3$$

**Aufgabe 6**

*a) Gleiche folgenden Reaktionsgleichungen aus!.*
*1. __KOH + __$H_2SO_4$ → __ $K_2SO_4$ + __$H_2O$*

Es hilft oft, eine Tabelle aufzustellen, um einen guten Überblick über die bereits vorhandenen Atome auf beiden Seiten der Reaktion zu bekommen. Man sieht hier sehr gut, dass die Anzahl der Kalium- und Wasserstoffatome ausgeglichen werden müssen.

| | Edukte | Produkte |
|---|---|---|
| **K** | **1** | **2** |
| O | 5 | 5 |
| **H** | **3** | **2** |
| S | 4 | 4 |

Beginnt man mit Kalium: auf der Eduktseite sind es ein und auf der Produktseite zwei Kaliumatome. Man verdoppelt die Anzahl der Kaliumatome auf der Eduktseite also durch den Koeffizienten „2".

**2** KOH + $H_2SO_4$ → $K_2SO_4$ + $H_2O$

Jetzt muss man nur noch die Anzahl der Sauerstoff und Wasserstoffatome durch den Koeffizienten „2" vor dem Wasser ausgleichen.

**2** KOH + $H_2SO_4$ →$K_2SO_4$ + **2** $H_2O$

2. $\_\_FeS_2 + \_\_O_2 \rightarrow \_\_Fe_2O_3 + \_\_SO_2$

| | Edukte | Produkte |
|---|---|---|
| Fe | 1 | 2 |
| S | 2 | 1 |
| O | 2 | 5 |

Mit welchem Stoff man beginnt, ist egal. Beginnt man mit Schwefel: auf der Eduktseite gibt es 2, auf der Produktseite 1. Man verdoppelt die Anzahl der Schwefelatome auf der Produktseite:

$$\_\_FeS_2 + \_\_O_2 \rightarrow \_\_Fe_2O_3 + \mathbf{2}\ SO_2$$

Dadurch hat sich ebenfalls die Anzahl der Sauerstoffatome auf der Produktseite von 5 auf 7 erhöht.

| | Edukte | Produkte |
|---|---|---|
| Fe | 1 | 2 |
| S | 2 | **2** |
| O | 2 | **7** |

Macht man nun mit Eisen weiter, sieht man, dass auf der Produktseite doppelt so viele Atome wie auf der Eduktseite sind. Man ergänzt also:

$$\mathbf{2}\ FeS_2 + \_\_O_2 \rightarrow \_\_Fe_2O_3 + \mathbf{2}\ SO_2$$

| | Edukte | Produkte |
|---|---|---|
| Fe | **2** | 2 |
| S | **4** | 2 |
| O | 2 | 7 |

Nun wurde die Anzahl der Eisenatome zwar ausgeglichen, die Anzahl der Schwefelatome ist aber ebenso verdoppelt worden. Man gleicht auf der Produktseite also wieder aus:

$$\mathbf{2}\ FeS_2 + \_\_O_2 \rightarrow \_\_Fe_2O_3 + \mathbf{4}\ SO_2$$

| | Edukte | Produkte |
|---|---|---|
| Fe | 2 | 2 |
| S | 4 | **4** |
| O | 2 | **11** |

Man sieht, die Anzahl der Sauerstoffatome muss auf der Eduktseite ausgeglichen werden. Da es keine geraden Teiler von 11 gibt, müssen vorher die anderen Koeffizienten erhöht werden:

$$\mathbf{4}\ FeS_2 + \_\_O_2 \rightarrow \mathbf{2}\ Fe_2O_3 + \mathbf{8}\ SO_2$$

Stellt man nun erneut eine Übersichtstabelle auf, sieht man, dass der gemeinsame Faktor der vorhandenen Sauerstoffatome auf der Eduktseite 11 ist.

| | Edukte | Produkte |
|---|---|---|
| Fe | **4** | 4 |
| S | **8** | **8** |
| O | 2 | **22** |

Man gleicht also folgendermaßen aus:

$4\ FeS_2 + \mathbf{11}\ O_2 \rightarrow 2\ Fe_2O_3 + 8\ SO_2$

*b) Schreibe folgende Wortgleichungen und Formelgleichungen an und gleiche aus.*

*1. Eisen reagiert mit Sauerstoff zu Eisen(III)oxid*

Edukte: Eisen: Fe
Sauerstoff: $O_2$ (beachte, dass Sauerstoff diatomar ist)
Produkte: Eisen(III)-oxid
Eisen: 3-wertig
Sauerstoff (oxid): 6. Hauptgruppe → 2-wertig

Bei Verwendung der Kreuzregel erhält man: $\mathbf{Fe_2O_3}$

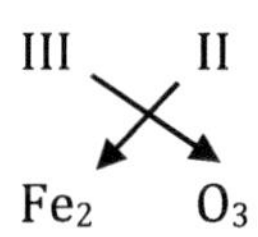


Nun kann man die unausgeglichene Reaktionsgleichung aufstellen:

$\_\_Fe + \_\_O_2 \rightarrow \_\_\ Fe_2O_3$

Jetzt kann man noch ausgleichen und erhält durch den gemeinsamen Faktor von 2 und 3 = 6:

$\mathbf{4\ Fe + 3\ O_2 \rightarrow 2\ Fe_2O_3}$

*2. Wasserstoffchlorid reagiert mit Calciumcarbonat zu Calciumchlorid, Kohlenstoffdioxid und Wasser.*

Lösung Klassen-arbeit 2.3

**Tipps und Tricks**

- Es lohnt sich, von Beginn an, einige Verbindungen auswendig zu lernen. Wasser ($H_2O$) und Kohlenstoffdioxid ($CO_2$) kennen schon die meisten. Aber was ist mit Wasserstoffchlorid?
- Oft stehen die wichtigsten Verbindungen, Salze oder Säuren hinten im Chemiebuch. Hier eine kurze Übersicht dazu sowie einige wichtige Kationen und Anionen:

| | |
|---|---|
| HCl | Wasserstoffchlorid = Salzsäure |
| NaCl | Natriumchlorid |
| $H_2O_2$ | Wasserstoffperoxid |
| $SO_4^{2-}$ | Sulfat-Ion |
| $SO_3^{2-}$ | Sulfit-Ion |
| $NO_3^-$ | Nitrat-Ion |
| $NH_4^+$ | Ammonium-Ion |
| $CO_3^{2-}$ | Carbonat-Ion |

- Zum Aufstellen der einzelnen Verbindungsformeln verwende die Kreuzregel.

Aufstellen der einzelnen Verbindungsformeln nach der Kreuzregel mithilfe der Wertigkeiten:

Edukte: Wasserstoffchlorid: HCl
Calciumcarbonat: $CaCO_3$

Produkte: Calciumchlorid: $CaCl_2$
Kohlenstoffdioxid: $CO_2$
Wasser: $H_2O$

Aufstellen der unausgeglichenen Reaktionsgleichung:

$$\_\_HCl + \_\_CaCO_3 \rightarrow \_\_CaCl_2 + \_\_CO_2 + \_\_H_2O$$

Ausgleichen und damit Fertigstellen der Reaktionsgleichung:

$$2\ HCl + CaCO_3 \rightarrow CaCl_2 + CO_2 + H_2O$$

*3. Ethan wird zu Kohlenstoffdioxid und Wasser verbrannt.*

**Tipps und Tricks**

- Die Verbrennung beschreibt eine Reaktion mit Luftsauerstoff (in seltenen Fällen auch Stickstoff).
- Dabei entstehen meistens Oxide, da „Oxide“ Verbindungen mit Sauerstoff sind und mit diesem reagiert.
- Oxide, also Sauerstoffverbindungen mit Wasserstoff: Wasser
- Oxide mit Kohlenstoff: Kohlenstoffdioxid oder bei zu wenig Sauerstoffzufuhr (zum Beispiel in einem geschlossenem Reaktionsraum) Kohlenstoffmonoxid.

**Tipps und Tricks**

- Kohlenwasserstoffverbindungen enthalten, wie der Name impliziert, nur Kohlenstoff und Wasserstoffatome.
- Die einfachsten, sind die Alkane. Dabei werden die Kohlenstoffatome mit Einfachbindungen zu einer Kette verknüpft.

Lösung Klassen-arbeit 2.3

- Da Kohlenstoffatome vier Bindungen eingehen müssen, um die Oktettregel zu erreichen, bleiben für die mittigen Kohlenstoffatome noch zwei Bindungsstellen und für die endstelligen noch drei Bindungsstellen übrig. Diese werden bei den n-Alkanen vollständig mit Wasserstoffatomen besetzt.
- Die Summenformel dieser n-Alkane kann bestimmt werden durch: 2n+2 (n: Anzahl der Kohlenstoffatome)
- Der Name der Alkane leitet sich von Anzahl der Kohlenstoffatome in der Hauptkette ab:
  1 C-Atom: Methan
  2 C-Atome: Ethan
  3 C-Atome: Propan
  4 C-Atome: Butan
  5 C-Atome: Pentan
  6 C-Atome: Hexan
  7 C-Atome: Heptan
  ... dies nennt sich die homologe Reihe der Kohlenwasserstoffe und sollte irgendwann auswendig gelernt werden.

Ethan hat die Summenformel: $C_2H_6$
Die unausgeglichene Reaktionsgleichung lautet:

$$\_\_C_2H_6 + \_\_O_2 \rightarrow \_\_CO_2 + \_\_H_2O$$

| | Edukte | Produkte | |
|---|---|---|---|
| Kohlenstoff | 2 | 1 | |
| Wasserstoff | 6 | 2 | |
| Sauerstoff | | 2 | 3 |

Da es hier um die Verbrennung eines Kohlenwasserstoff geht, wird empfohlen auch mit dem charakteristischem Kohlenstoff anzufangen.

$$\_\_C_2H_6 + \_\_O_2 \rightarrow 2\ CO_2 + \_\_H_2O$$

| | Edukte | Produkte |
|---|---|---|
| Kohlenstoff | 2 | **2** |
| Wasserstoff | 6 | 2 |
| Sauerstoff | 2 | **5** |

Die Anzahl der Kohlenstoffatome wurde angeglichen, aber die Anzahl der Wasserstoffatome auf der Eduktseite ist dreimal höher.

$$\_\_C_2H_6 + \_\_O_2 \rightarrow 2\ CO_2 + 3\ H_2O$$

| | Edukte | Produkte |
|---|---|---|
| Kohlenstoff | 2 | 2 |
| Wasserstoff | 6 | **6** |
| Sauerstoff | 2 | **7** |

Man sieht, die Anzahl der Sauerstoffatome muss auf der Eduktseite ausgeglichen werden. Da es keine geraden Teiler von 7 gibt, müssen vorher die anderen Koeffizienten erhöht werden:

$$\mathbf{2}\ C_2H_6 + \_\_O_2 \rightarrow \mathbf{4}\ CO_2 + \mathbf{6}\ H_2O$$

Jetzt gibt es einen gerade Teiler von der Anzahl der Sauerstoffatome auf der Produktseite:

| | Edukte | Produkte |
|---|---|---|
| Kohlenstoff | **4** | **4** |
| Wasserstoff | **12** | **12** |
| Sauerstoff | **2** | **14** |

Man gleicht also wie folgt aus:

$$2\ C_2H_6 + \mathbf{7}\ O_2 \rightarrow 4\ CO_2 + 6\ H_2O$$

**Aufgabe 7**

*Um Wasserstoff mit Sauerstoff reagieren zu lassen, muss man zunächst kurzzeitig Energie zuführen, z.B. mit einer Kerzenflamme. Sobald die Reaktion dann in Gang kommt, wird ein beträchtlicher Energiebetrag frei. Man kann Wasserstoff aber auch bei Raumtemperatur zur Reaktion bringen, wenn man ihn gegen fein verteiltes Platin strömen lässt.*

*a) Formuliere die chemische Symbolgleichung der Reaktion.*

Wasserstoff und Sauerstoff sind diatomare Gase. (→ siehe Merkhilfe: *HONCLBRIF* oder *HNO im 7. Stock).*

**Merkhilfe**

Es gibt Elemente, sogenannte Molekülelemente, die elementar nie monoatomar vorkommen.
Folgende Elemente sind Molekülelemente: H O N Cl Br I F
Merksprüche:

- Honclbrief klingt so ähnlich wie ein Brief vom Onkel
- HNO im 7. Stock (Cl, Br, I, F sind Elemente der 7. Hauptgruppe)

Molekülelemente kommen elementar also immer mit einem Index von 2 vor, das ist für das Aufstellen von Reaktionsgleichungen von äußerst wichtiger Bedeutung!

Kommt ein Katalysator zum Einsatz, wird dieser üblicherweise über den Reaktionspfeil geschrieben. Dies macht man auch bei Hitze oder Licht.

$$2\ H_2 + O_2 \xrightarrow{(Pt)} 2\ H_2O$$

*b) Welchen Reaktionstyp hinsichtlich der Energetik lässt sich die obige Reaktion des Wasserstoffs zuordnen? Begründe deine Vermutung. Zeichne das passende beschriftete Energieschema mit und ohne Verwendung von Platin.*

Da zunächst kurzzeitig Energie zugeführt werden muss, dann aber ein beträchtlicher Energiebetrag frei wird, handelt es sich um eine exotherme Reaktion, bei der zunächst eine **Aktivierungsenergie** zugeführt werden muss.

Lösung Klassenarbeit 2.3

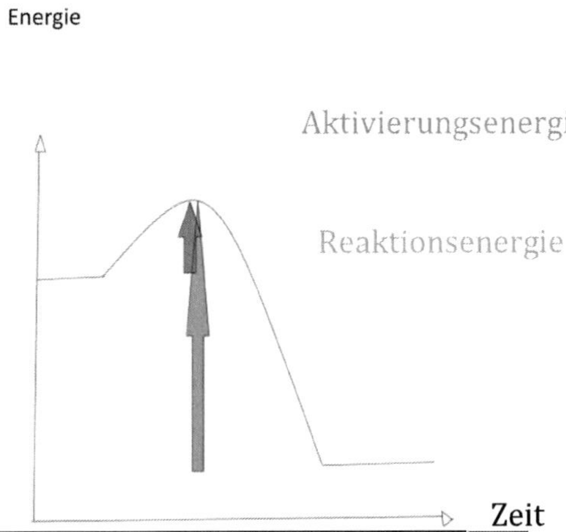


Reaktionsschema der exothermen Reaktion ohne Katalysator.

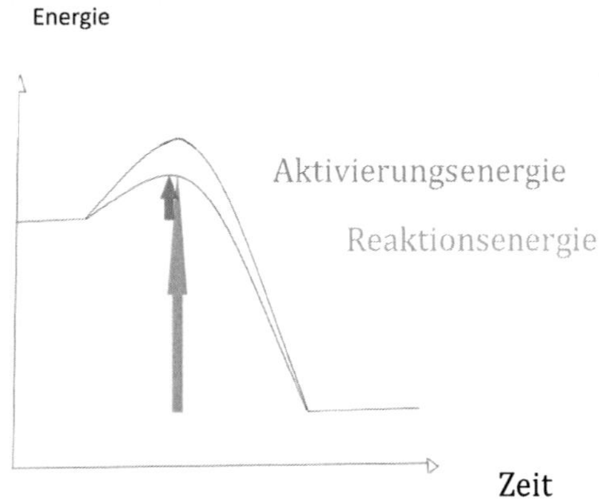


Reaktionsschema der exothermen Reaktion mit Platin als Katalysator.

*c) Erläutere die Rolle des Platins bei der Reaktion.*

**Platin dient in dieser Reaktion als Katalysator.**

Ein Katalysator ist ein Stoff mit meist großer Oberfläche. Er beschleunigt Reaktionen und / oder senkt die nötige Temperatur, da er eine oder mehrere Zwischenreaktionen ermöglicht, die eine niedrigere Aktivierungsenergie haben.

Der Katalysator liegt nach der Reaktion unverändert vor und es werden keine großen Mengen dieses Stoffes benötigt.

Monika und Claus Arndt aus Waldtrudering geben im Eigenverlag Lernhilfen für Schüler heraus

# Die Durchblick-Garanten

*Die Tage sind gezählt bis zu den Sommerferien. Nicht alle Schüler jedoch tun sechs Wochen lang nichts für die Schule. Und es gibt so einige Eltern, die sich jetzt schon fürs neue Schuljahr rüsten. Viele von ihnen landen bei Monika und Claus Arndt aus Waldtrudering. Das Ehepaar gibt Hefte mit Schulproben für Grundschüler und Schulaufgaben für Gymnasiasten und Realschüler heraus. Kinder und Jugendliche können sich mit ihren Durchblicker-Aufgaben auf Prüfungen vorbereiten.*

**Monika und Claus Arndt im Keller ihres Waldtruderinger Hauses. Dort drucken sie ihre Durchblicker-Schulaufgaben. Jahrelang haben sie zudem Nachhilfeunterricht gegeben, mittlerweile konzentrieren sie sich auf ihr Verlagsgeschäft. Ihre Schulaufgaben sind im Buchhandel zu finden und helfen Schülern bei der Lösung von Schulaufgaben.** ***Fotos: Panthermedia/ve/kn***

Im Keller der Familie Arndt im Birkhahnweg in Waldtrudering läuft der Drucker. In den Regalen stapeln sich ordentlich die Ausdrucke. Ihre Bestellungen erreichen Monika und Claus Arndt meist spät abends. Nach Ladenschluss schicken Buchhändler noch ihre Bestellliste ab, so auch an den Durchblicker Verlag in Waldtrudering. Viele Jahre lang haben die Arndts im Keller Schülern Nachhilfeunterricht gegeben. Vor fünf Jahren haben sie einen Verlag gegründet und verkaufen seitdem Bücher mit typischen Schulaufgaben für bayerische Schüler. Derzeit, kurz vor den Sommerferien und vor allem dann im September, sei die Nachfrage besonders groß. „Wir haben ein saisonales Geschäft", sagt Claus Arndt schmunzelnd. Bevor es in die Ferien geht oder zum Start ins neue Schuljahr, bestellen Schüler und ihre Eltern die Durchblicker-Schulaufgaben.

## Der Mathematiker sattelte aufs Lehramt um

Die Arndts haben sozusagen eine Marktlücke entdeckt: Verlage bieten zwar immer mehr Lernhilfen für Schüler an. Doch die Arndts haben ihre Ausgaben auf die jeweiligen Schultypen und auf die neuen Lehrpläne in Bayern zugeschnitten. So läuft und läuft ihr Drucker. „Volltreffer!", hat ihnen ein Schüler geschrieben, „drei Aufgaben in meiner Schulaufgabe waren genau wie die aus Ihrem Buch!" Und eine Buchhändlerin lässt sie wissen: „Ich empfehle die Reihe immer weiter. Sie haben in mir einen Fan gefunden."
Wie aber kommt es, dass die beiden Waldtruderinger so einen guten Riecher haben, wie Lehrer ihre Schulaufgaben gestalten und was sie wollen? Claus Arndt war als Diplom-Mathematiker in der EDV-Branche beschäftigt. Bis 2004. Da hieß es: „Wer gehen wolle, könne gehen." Der Waldtruderinger Vater zweier Söhne ließ sich das nicht zwei Mal sagen. Händeringend wurde damals nach Lehrern gesucht. So sattelte der Mathematiker kurzerhand um und unterrichtete fortan an der Realschule in Dachau und am Neuperlacher Heinrich-Heine-Gymnasium Mathe.
Damit nicht genug. Zuhause im Keller eröffnete er mit seiner Frau Monika ein Lernstudio für Schüler. Claus Arndt gab Nachhilfe in Mathematik. Seine Frau in Englisch, Deutsch und Französisch. „Für Physik und Latein beschäftigten wir noch weitere Nachhilfelehrer", erzählt Claus Arndt. Die Waldtruderinger Familien nahmen das Angebot gerne an: Bei den Arndts gab es Nachhilfe für den Achtklässler, der darum kämpfte, wegen Mathe bloß nicht durchzufallen. Ein anderer Bub, ein Grundschüler, konnte partout nicht stillsitzen. „Ich ließ ihn hier unten auf einem kleinen Trampolin auf- und abspringen und fragte ihn dabei das Einmaleins ab", erzählt Claus Arndt. Ebenso ackerten gleich mehrere Schüler in einem Crashkurs, um in ihrer Abschlussprüfung eine bessere Note zu bekommen.

## Nachhilfeunterricht von 13 bis 20 Uhr

Vier Jahre lang büffelten die Nachhilfelehrer mit ihren Schützlingen Stunde für Stunde im Keller. „Unseren Höhepunkt hatten wir im Jahr 2008, da saßen wir von 13 bis 20 Uhr in unserem Lernstudio, die Nachfrage in Waldtrudering und Umgebung war einfach so groß", erinnert sich Claus Arndt. Was ist das Arndtsche Erfolgsrezept? Die Arndts lösen mit ihren Schülern Schulaufgaben, erarbeiten Musterlösungen und korrigieren die Antworten gemeinsam. „Diese Klassenarbeiten denken wir uns selbst aus", sagt Claus Arndt. Im Laufe der Jahre haben sie ein Gespür dafür entwickelt, welche Aufgabentypen drankommen können — „wie die Lehrer ticken".
Schulaufgaben zu entwickeln, das machte Claus Arndt bald nicht nur für seine Nachhilfeschüler im Münchner Osten. Für die Verlage Klett und Cornelsen modifizierte er Schulaufgaben. „Doch die Lehrpläne variieren von Bundesland zu Bundesland", erzählt der Klausuren-Profi. Und so schlug man ihm vor, für Bayern einfach selbst Schulaufgaben herauszugeben. Im Eigenverlag.
Claus Arndt hatte ja mit seiner Frau Monika kompetente Hilfe an seiner Seite. Denn vor allem sie war es, die in ganz Bayern Buchhändler abklapperte, um Werbung für die Durchblicker-Schulaufgaben zu machen. Mehr noch: Monika Arndt hatte als Autorin bereits Ernährungsbücher für Kinder veröffentlicht, hatte unter anderem beim Stark-Verlag über Produktion sowie Inhalt von Lernhilfen viele Erfahrungen gesammelt und als Lektorin gearbeitet. Sie knöpfte sich nun die Fächer Deutsch, Französisch und Englisch vor und arbeitete ebenso Schulaufgaben aus. Zudem sei es für sie als Schulaufgaben-Entwickler mit Einführung des G8 leichter geworden: „Alles ist systematischer und strukturierter, ich kann eher abschätzen, was in einer Klassenarbeit drankommt", sagt Claus Arndt.

## Neu im Angebot sind Proben für Grundschüler

Mittlerweile haben sie eine breite Palette mit 57 verschiedenen Ausgaben im Angebot: Ob für Gymnasiasten Mathe-Schulaufgaben von der fünften bis hoch zur zwölften Klasse oder für Realschüler Englisch-Schulaufgaben. „Und neu und sehr beliebt sind unsere Schulproben in Mathe, Deutsch und HSU für Dritt- und Viertklässler", sagt Monika Arndt. „Die sind immer mehr unsere Renner!" Als Verlag profitieren sie von dem wachsendem Druck, der schon auf Grundschüler ausgeübt werde. „Eltern wollen unbedingt, dass ihr Kind einen Notendurchschnitt von 2,33 beim Übertrittszeugnis in der vierten Klasse hat, damit es aufs Gymnasium gehen kann", sagt Claus Arndt. „Das ist oft zu viel des Guten." Er weiß, wovon er spricht. Er hat in all den Jahren in seinem Lernstudio viele Kinder kennengelernt. „Oft haben wir gemerkt, welch großen Druck Eltern auf ihr Kind ausüben können." Natürlich müsse sich jedes Kind auf Tests in der Schule vorbereiten. Doch als Eltern zweier Söhne, 1993 und 1996 geboren, wissen sie eben auch, dass ein Kind nicht zu viel lernen dürfe. „Wer für eine Schulaufgabe mit zwei unserer Aufgaben übt, dem reicht das meist", behauptet Monika Arndt.
Den beiden Schulaufgaben- und Nachhilfe-Profis geht es vor allem darum, Schüler besser auf das vorzubereiten, was sie bei einer Probe erwartet. „Angst und Nervosität legen sich schnell, wenn Schüler ähnliche Aufgaben kennen und bereits bearbeitet haben", sagt Claus Arndt.

*Verena Rudolf*

# Mehr Durchblick für Schüler

## Claus und Monika Arndt produzieren Lernhefte im heimischen Keller in Waldtrudering

VON LAURA MÜLLER

Vielen Kindern graut es vor der Schule. Häufig sind sie unmotiviert und wissen nicht, wie sie sich auf Tests und Schularbeiten vorbereiten sollen. Für diese Problematik gibt es eine Menge Nachhilfelehrer und Bücher, die helfen sollen. Einer der Verlage, die solche Bücher, oder vielmehr Hefte, produzieren, ist der Durchblicker Verlag – ein kleiner Buchverlag, der nur aus dem Ehepaar Claus und Monika Arndt besteht. Er hat sich auf Schulaufgaben und ihre Lösungen spezialisiert. Die Arndts produzieren die Hefte im heimischen Keller in Waldtrudering.

**Die Nachfrage ist groß:** Im Keller von Monika und Claus Arndt stapeln sich die Lernhefte des heimischen Verlags. Alles ist handproduziert, das ist das Markenzeichen des Verlags.

FOTOS: ASTRID SCHMIDHUBER

### Auf den jungen Schülern lastet eine Menge Druck, sagen die Arndts

Claus Arndt, ein ehemaliger Software-Ingenieur, hat den Verlag vor fünf Jahren gegründet. Angefangen hat alles damit, dass Claus Arndt anfing, Nachhilfe zu geben. „Als die Kinder kamen, wollte ich nicht ständig unterwegs sein", erzählte er. „Also habe ich meinen Job gekündigt und Nachhilfe gegeben." Die Schüler kamen gerne zu Claus Arndt, so wurde die Nachfrage irgendwann zu groß. Die Arndts gaben das Lernbüro auf und fingen an, Bücher mit Schulaufgaben und ihren Lösungen zu drucken. Zunächst verkauften sie nur wenige Hefte, doch im vergangenen Jahr waren es schon 20 000. Insgesamt haben sie 58 Bücher verfasst und herausgebracht. Die Arndts sehen sich mittlerweile als „ernst zu nehmende Konkurrenz" für den renommierten Stark-Verlag. Dessen rote Übungsbücher stehen bei vielen Schülern im Regal.

Claus Arndt sammelt seit der Umstellung auf das G8 Schulaufgaben von verschiedenen Schulen. Weil er selbst mal als Lehrer arbeitete, weiß er, was andere Lehrer erwarten. Claus und Monika Arndt orientieren sich bei ihren Aufgaben immer an dem neusten Stand der Lehrpläne.

**Die Hefte des Durchblicker-Verlags:** Insgesamt 58 Lerntrainer haben die Arndts schon herausgebracht.

Als die Arndts ihren Verlag gründeten, klapperten sie alle möglichen Büchereien ab, um ihre Bücher präsentieren zu können. Monika Arndt hat schon vorher als Lektorin und Autorin gearbeitet. Sie kennt sich in der Branche aus und weiß, wie man hier etwas erreicht. Heute liegen die Bücher des Durchblicker-Verlags etwa in Hugendubel- und Thalia-Filialen aus. „Wir freuen uns, dass unsere Bücher so gut ankommen", sagt Claus Arndt. Am besten verkaufen sich laut den Arndts die Lerntrainer für die Grundschule sowie für die 5. und 6. Klasse Gymnasium. Das verwundert. Claus Arndt erklärt: „Auf den jungen Schülern lastet schon eine Menge Druck."

### Am besten verkaufen sich die Lerntrainer für Grundschule und 5. und 6. Klasse

Als die Arndts die Bücher in immer größerer Stückzahl verkauften, stellte sich die Frage, wie sie die Lerntrainer weiter produzieren wollen. Sie entschieden sich, die Bücher selbst zu drucken. „Alles ist handproduziert, das ist unser Markenzeichen", sagt Monika Arndt.

Sie legen Wert darauf, dass ihre Aufgaben schulnah sind und so auch wirklich abgefragt werden könnten. „Außerdem ist es wichtig für uns, die Schüler für das Lernen zu motivieren. Häufig schreiben Kinder schlechte Noten, weil sie zu wenig Selbstvertrauen haben", sagt Claus Arndt. „Wenn die Kinder mit unseren Schultrainern lernen, erkennen sie Aufgaben aus dem Unterricht wieder, das gibt ihnen ein Erfolgserlebnis und motiviert sie." Natürlich könnten die Bücher keine schon vorher entstandenen Wissenslücken schließen, „aber sie helfen, zu vertiefen und zu wiederholen."

# Klassenarbeiten aus Gymnasien in BW

## Mathematik, Physik, Chemie, Natur und Technik
## Deutsch, Englisch, Französisch, Latein

Du willst wissen:

- was in der Klassenarbeit drankommen könnte
- ob du dein Wissen anwenden kannst
- ob du alles in der vorgegebenen Zeit schaffst

- Typische Klassenarbeiten von Gymnasien in Baden-Württemberg: Darauf muss ich mich einstellen
- Ausführliche Lösungen: So sollte meine Antwort aussehen
- Tipps als Hilfestellungen: So kann ich mir die Arbeit erleichtern

- ➢ Bände Mathematik für Klasse 5, 6, 7, 8, 9, 10
- ➢ Bände Physik und Chemie jeweils für Klasse 8, 9, 10
- ➢ Bände Natur und Technik Klasse 5 und 6
- ➢ Bände Deutsch für Klasse 5, 6, 7, 8
- ➢ Bände Englisch für Klasse 5, 6, 7, 8, 9, 10
- ➢ Bände Französisch Klasse 6, 7, 8, 9 (Version Découvertes und À plus!)
- ➢ Bände Latein Lernjahr 1 und 2
- ➢ Realschule Mathematik 5 und 6, Englisch Klasse 5, 6, 7, 8, 9, 10, Deutsch 5-8
- ➢ Zu bestellen siehe unten und in jeder Buchhandlung

DURCHBLICKER Lernstudio Arndt

Wir sind engagierte Lehrer mit jahrelanger Nachhilfeerfahrung und machen einen lockeren, aber kompetenten fächerübergreifenden Unterricht. Unsere Spezialität ist die Vorbereitung auf Klassenarbeiten.

Wir haben eigene Kinder im Schulalter und kennen die schulischen Anforderungen und Hausaufgabenprobleme auch von der Elternseite.


www.durchblicker.org

info@durchblicker.org

Tel: 089 – 43 73 73 14
Fax: 089 - 43 90 60 51

# FEEDBACK

„Ein Schüler hat erzählt, dass eine Aufgabe identisch mit Ihrem Heft war. Da haben Sie eine Marktlücke entdeckt. Die Durchblicker sind sehr gefragt. Wir werden geplündert.“
Ein Buchhändler

Mein Sohn Leander hat sich schon letztes Jahr ausschließlich mit Ihren Heften auf seine Klassenarbeiten in Mathe und Englisch vorbereitet, was uns zu einem insgesamt recht entspannten ersten Schuljahr im Gymnasium verholfen hat. Wir erleben Ihre Hefte als echte Unterstützung!

Top! Die Klassenarbeiten von Gymnasien aus BW sind wirklich ihr Geld wert. Das gibt den Kindern

**VOLLTREFFER !!!**
**Drei Aufgaben in meiner Klassenarbeit waren genau wie die aus Ihrem Buch. Ganz toll! Danke!**

„Ich empfehle die Reihe immer weiter. Sie haben in mir einen Fan gefunden.“
Eine Buchhändlerin

Großes Lob an Ihr Engagement! Die Hinweise in den ausführlichen Lösungen sind die absoluten Insidertipps!

Wir verwenden die Klassenarbeiten für Gymnasien in BW schon seit einigen Jahren. Die Trainer sind wirklich super. Das ist der Standard, der definitiv in der Schule drankommt.

Wir haben übrigens schon Mathe und Englisch für die 5. Klasse Gymnasium zu Hause und sind total begeistert. Meine Tochter hat schon drei Einser geschrieben.

Die Tipps zu den Matheaufgaben haben meinem Sohn so viel Selbstbewusstsein gegeben, dass er in seiner Klassenarbeit die Note 1 geschrieben hat.

Guten Tag, wir haben im vergangenen Jahr mehrere Ihrer Bücher gekauft und waren sehr beeindruckt von der Qualität und dem Einklang mit dem Gymnasium Curriculum. Nun möchten wir das für das kommende Schuljahr wiederholen.

Ihre Bücher sind sensationell, wie ein treuer Wegbegleiter!

Ein dickes Lob! Meine Tochter ist absolut begeistert. Sie hat bei Physik und Chemie das Gefühl: „Das habe ich jetzt verstanden.“

Wir haben alle Ihre Bücher. Die sind spitze!

Herzlichen Dank.

Hätten die teuren Schulbücher auch nur einen kleinen Anteil an Ihren hilfreichen Tipps wäre einiges leichter und vor allem für Kids und Eltern verständlicher.

**Chemie 8**

ISBN 978-3-943703-42-9